최상위 수학S 3·2 학습 스케줄표

짧은 기간에 집중ᄋ ᄋ을 학습할 수 있도록 설계하였습니다.
방학 ᄀ 과정을 이용하세요.

공부한 날짜를 쓰고 하루 분량 학습을 마친 후, 부모님까

	월 일	월 일	월 일	월 일	월 일
1주	**1. 곱셈**				
	8~11쪽 ☐	12~13쪽 ☐	14~17쪽 ☐	18~21쪽 ☐	22~25쪽 ☐

	월 일	월 일	월 일	월 일	월 일
2주	**1. 곱셈**		**2. 나눗셈**		
	26~29쪽 ☐	30~32쪽 ☐	34~37쪽 ☐	38~39쪽 ☐	40~43쪽 ☐

	월 일	월 일	월 일	월 일	월 일
3주	**2. 나눗셈**				**3. 원**
	44~47쪽 ☐	48~51쪽 ☐	52~55쪽 ☐	56~58쪽 ☐	60~63쪽 ☐

	월 일	월 일	월 일	월 일	월 일
4주	**3. 원**				
	64~67쪽 ☐	68~71쪽 ☐	72~75쪽 ☐	76~79쪽 ☐	80~82쪽 ☐

공부를 잘 하는 학생들의 좋은 습관 8가지

매일매일 규칙적인 학습 시간 계획을 세워요.

과제에 대한 시간 관리를 잘 해요.

책상 정리정돈을 잘 해요.

열심히 공부한 다음 적당한 휴식을 가져요.

12주 완성

ㅗ

7^주	월 일	월 일	월 일	월 일	월 일
	3. 원	**4. 분수**			
	80~82 쪽 ☐	84~85 쪽 ☐	86~87 쪽 ☐	88~91 쪽 ☐	92~93 쪽 ☐

8^주	월 일	월 일	월 일	월 일	월 일
	4. 분수				
	94~95 쪽 ☐	96~97 쪽 ☐	98~99 쪽 ☐	100~101 쪽 ☐	102~103 쪽 ☐

9^주	월 일	월 일	월 일	월 일	월 일
	4. 분수	**5. 들이와 무게**			
	104~107 쪽 ☐	110~111 쪽 ☐	112~113 쪽 ☐	114~117 쪽 ☐	118~119 쪽 ☐

10^주	월 일	월 일	월 일	월 일	월 일
	5. 들이와 무게				
	120~121 쪽 ☐	122~123 쪽 ☐	124~125 쪽 ☐	126~127 쪽 ☐	128~129 쪽 ☐

11^주	월 일	월 일	월 일	월 일	월 일
	5. 들이와 무게	**6. 자료의 정리**			
	130~132 쪽 ☐	134~135 쪽 ☐	136~137 쪽 ☐	138~139 쪽 ☐	140~141 쪽 ☐

12^주	월 일	월 일	월 일	월 일	월 일
	6. 자료의 정리				
	142~143 쪽 ☐	144~145 쪽 ☐	146~147 쪽 ☐	148~149 쪽 ☐	150~153 쪽 ☐

최상위 수학S 3·2 학습 스케줄표

부담되지 않는 학습량으로 공부 습관을 기를 수 있도록 설계하였습니다.
학기 중 교과서와 함께 공부하고 싶다면 12주 완성 과정을 이용하세요.

공부한 날짜를 쓰고 하루 분량 학습을 마친 후, 부모님께 확인 check ✔를 받으세요.

1주	월 일	월 일	월 일	월 일	월 일
	1. 곱셈				
	8~11 쪽 ☐	12~13 쪽 ☐	14~15 쪽 ☐	16~17 쪽 ☐	18~19 쪽 ☐

2주	월 일	월 일	월 일	월 일	월 일
	1. 곱셈				
	20~21 쪽 ☐	22~23 쪽 ☐	24~25 쪽 ☐	26~27 쪽 ☐	28~29 쪽 ☐

3주	월 일	월 일	월 일	월 일	월 일
	1. 곱셈	**2. 나눗셈**			
	30~32 쪽 ☐	34~37 쪽 ☐	38~39 쪽 ☐	40~41 쪽 ☐	42~43 쪽 ☐

4주	월 일	월 일	월 일	월 일	월 일
	2. 나눗셈				
	44~45 쪽 ☐	46~47 쪽 ☐	48~49 쪽 ☐	50~51 쪽 ☐	52~53 쪽 ☐

5주	월 일	월 일	월 일	월 일	월 일
	2. 나눗셈		**3. 원**		
	54~55 쪽 ☐	56~58 쪽 ☐	60~63 쪽 ☐	64~67 쪽 ☐	68~69 쪽 ☐

6주	월 일	월 일	월 일	월 일	월 일
	3. 원				
	70~71 쪽 ☐	72~73 쪽 ☐	74~75 쪽 ☐	76~77 쪽 ☐	78~79 쪽 ☐

8주 완성

표

등, 하교 때 자신이 한 공부를 다시 기억하며 상기해 봐요.

모르는 부분에 대한 질문을 잘 해요.

수학 문제를 푼 다음 틀린 문제는 반드시 오답 노트를 만들어요.

자신만의 노트 필기법이 있어요.

상위권의 기준

최상위 수학 S

디딤돌

상위권의 힘, 느낌!

처음 자전거를 배울 때, 설명만 듣고 탈 수는 없습니다.
하지만, 직접 자전거를 타고 넘어져 가며
방법을 몸으로 느끼고 나면
나는 이제 '자전거를 탈 수 있는 사람'이 됩니다.
그리고 평생 자전거를 탈 수 있습니다.

수학을 배우는 것도 꼭 이와 같습니다.
자세한 설명, 반복학습 모두 필요하지만
가장 중요한 것은 "느꼈는가"입니다.
느껴야 이해할 수 있고,
이해해야 평생 '수학을 할 수 있는 사람'이 됩니다.

"최상위 수학 S는
수학에 대한 느낌과 이해를 통해
중고등까지 상위권이 될 수 있는 힘을 길러줍니다."

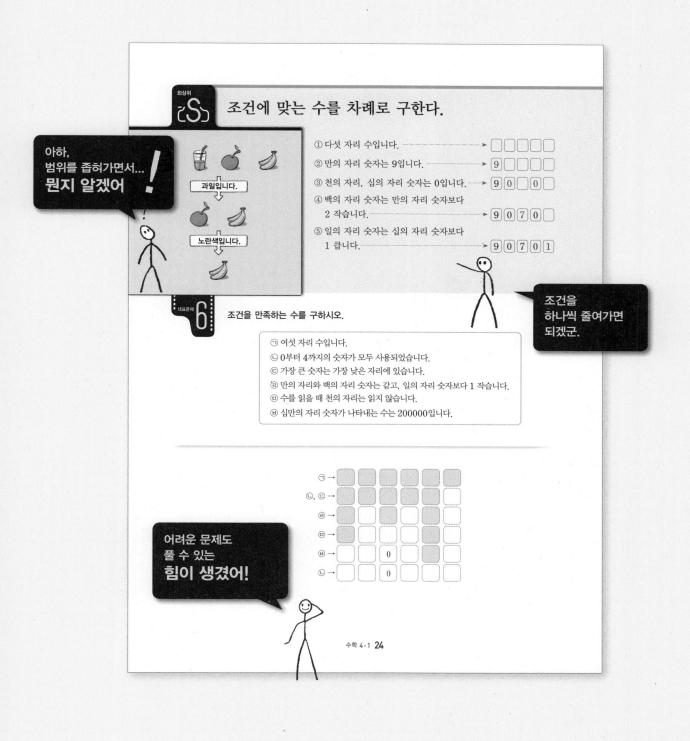

최상위

조건에 맞는 수를 차례로 구한다.

아하,
범위를 좁혀가면서...
뭔지 알겠어 !

과일입니다.
↓
노란색입니다.

① 다섯 자리 수입니다. → □□□□□
② 만의 자리 숫자는 9입니다. → 9□□□□
③ 천의 자리, 십의 자리 숫자는 0입니다. → 9□0□0
④ 백의 자리 숫자는 만의 자리 숫자보다 2 작습니다. → 90700
⑤ 일의 자리 숫자는 십의 자리 숫자보다 1 큽니다. → 90701

조건을
하나씩 줄여가면
되겠군.

대표문제 6

조건을 만족하는 수를 구하시오.

㉠ 여섯 자리 수입니다.
㉡ 0부터 4까지의 숫자가 모두 사용되었습니다.
㉢ 가장 큰 숫자는 가장 낮은 자리에 있습니다.
㉣ 만의 자리와 백의 자리 숫자는 같고, 일의 자리 숫자보다 1 작습니다.
㉤ 수를 읽을 때 천의 자리는 읽지 않습니다.
㉥ 십만의 자리 숫자가 나타내는 수는 200000입니다.

어려운 문제도
풀 수 있는
힘이 생겼어!

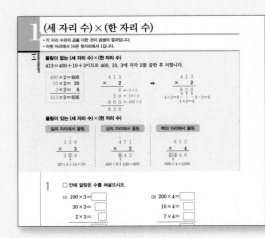

교과서 개념부터
심화 · 중등개념까지!

수학을 느껴야
이해할 수 있고

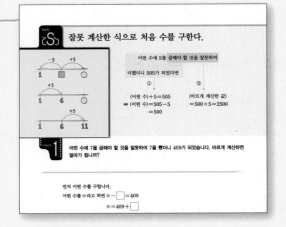

이해해야
어떤 문제라도
풀 수 있습니다.

CONTENTS

1

곱셈

(세 자리 수)×(한 자리 수)

- 각 자리 수와의 곱을 더한 것이 곱셈의 결과입니다.
- 아랫 자리에서 10은 윗자리에서 1입니다.

올림이 없는 (세 자리 수)×(한 자리 수)

$413=400+10+3$이므로 400, 10, 3에 각각 2를 곱한 후 더합니다.

$$
\begin{aligned}
400\times2 &= 800\\
10\times2 &= 20\\
3\times2 &= 6\\
\hline
413\times2 &= 826
\end{aligned}
$$

$$
\begin{array}{r}
4\ 1\ 3\\
\times\quad\ 2\\
\hline
6 \leftarrow 3\times2\\
2\ 0 \leftarrow 10\times2\\
8\ 0\ 0 \leftarrow 400\times2\\
\hline
8\ 2\ 6
\end{array}
$$

➡

$$
\begin{array}{r}
4\ 1\ 3\\
\times\quad\ 2\\
\hline
8\ 2\ 6
\end{array}
$$

$4\times2=8$ ⤒ | ⤒ $3\times2=6$
$1\times2=2$

올림이 있는 (세 자리 수)×(한 자리 수)

일의 자리에서 올림	십의 자리에서 올림	백의 자리에서 올림

$$
\overset{1}{1}\ 2\ 6\\
\times\quad\ 3\\
\hline
3\ \boxed{7}\ 8
$$
$20\times3+10=70$

$$
\overset{1}{4}\ 7\ 1\\
\times\quad\ 2\\
\hline
\boxed{9}\ 4\ 2
$$
$400\times2+100=900$

$$
6\ 1\ 2\\
\times\quad\ 4\\
\hline
\boxed{2\ 4}\ 4\ 8
$$
$600\times4=2400$

---

1 □ 안에 알맞은 수를 써넣으시오.

(1)
$$100\times3=\boxed{}$$
$$30\times3=\boxed{}$$
$$2\times3=\boxed{}$$
$$\overline{132\times3=\boxed{}}$$

(2)
$$200\times4=\boxed{}$$
$$10\times4=\boxed{}$$
$$7\times4=\boxed{}$$
$$\overline{217\times4=\boxed{}}$$

2 빈칸에 알맞은 수를 써넣으시오.

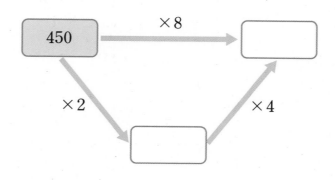

3 규민이는 수 카드 $\boxed{361}$ 을 5장 가지고 있습니다. 규민이가 가지고 있는 수 카드 5장에 적힌 수의 합은 얼마인지 곱셈식으로 나타내어 구하시오.

식 _____ 답 _____

연속한 세 수의 합을 곱셈식으로 나타내기

연속한 세 수가 ■-1, ■, ■$+1$일 때

$$(■-1)+■+(■+1)=■+■+■$$
$$=■×3$$

(예) $79+80+81=(80-1)+80+(80+1)$
$$=80+80+80=80×3$$

4 □ 안에 알맞은 수를 써넣으시오.

$$144+145+146=(\boxed{}-1)+145+(\boxed{}+1)$$
$$=145×\boxed{}$$

곱셈의 분배법칙

$(2+5)×3=(2×3)+(5×3)$ ➡ $\boxed{(a+b)×c=(a×c)+(b×c)}$

$(2×3)+(5×3)=(2+5)×3$ ➡ $\boxed{(a×c)+(b×c)=(a+b)×c}$

5 □ 안에 알맞은 수를 써넣으시오.

$$(151×3)+(49×3)=(151+\boxed{})×3$$
$$=\boxed{}×3=\boxed{}$$

2 (몇십) × (몇십), (몇십몇) × (몇십)

- 곱하는 두 수에 있는 0은 계산 결과에 그대로 있습니다.
- 각 자리 수와의 곱을 더한 것이 곱셈의 결과입니다.

(몇십) × (몇십)

$$80 \times 60 = 4800$$
$$8 \times 6 = 48$$ 0이 2개

$$\begin{array}{r} 8\,0 \\ \times\ \ 6\,0 \\ \hline 4\,8\,0\,0 \end{array}$$ 0이 2개

(몇십몇) × (몇십)

$$14 \times 60 = 840$$ 0이 1개
$$14 \times 6 = 84$$

$$\begin{array}{r} 1\,4 \\ \times\ \ 6\,0 \\ \hline 8\,4\,0 \end{array}$$ 0이 1개

> **4-1 연계**
>
> (몇백) × (몇십)은 (몇) × (몇) 을 계산한 값에 곱하는 두 수의 0의 개수만큼 0을 붙여 씁니다.
>
> $$800 \times 60 = 48000$$ 0이 3개
> $$8 \times 6 = 48$$

---

1 □ 안에 알맞은 수를 써넣으시오.

(1) $3 \times 7 = \boxed{}$ ➡ $30 \times \boxed{} = 2100$

(2) $41 \times 2 = \boxed{}$ ➡ $41 \times \boxed{} = 820$

2 □ 안에 알맞은 수를 써넣으시오.

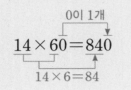

$$15 \times 80 = \boxed{}$$

$$30 \times \boxed{} = 1200$$

3 계산 결과를 비교하여 ○ 안에 >, =, <를 알맞게 써넣으시오.

(1) 65×70 ○ 75×60

(2) 46×80 ○ 86×40

4 경훈이는 4월 한 달 동안 매일 줄넘기를 70번씩 했습니다. 경훈이는 4월 한 달 동안 줄넘기를 모두 몇 번 했습니까?

식 .... 답 ....

>, <가 있는 식에서 조건에 알맞은 수 찾기

$60 \times \square < 2000$에서 $\square$ 안에 들어갈 수 있는 가장 큰 수

① (몇십)×(몇십)을 이용하여 $\square$ 안에 들어갈 수 있는 가장 큰 수의 십의 자리 숫자를 알아봅니다.
➡ $60 \times 30 = 1800$, $60 \times 40 = 2400$이므로 $\square$ 안에 들어갈 수 있는 가장 큰 수는 3★입니다.
② (몇십)×(몇십몇)을 이용하여 조건에 알맞은 수를 구합니다.
➡ $60 \times 33 = 1980$, $60 \times 34 = 2040$이므로 $\square$ 안에 들어갈 수 있는 가장 큰 수는 33입니다.

5 $\square$ 안에 들어갈 수 있는 수에 모두 ○표 하시오.

$40 \times 50 < \square < 67 \times 30$

(1990 , 2002 , 1810 , 2010 , 2005)

6 $\square$ 안에 들어갈 수 있는 가장 작은 수를 알아보시오.

$90 \times \square > 2000$

⑴ $\square$ 안에 들어갈 수 있는 가장 작은 수의 십의 자리 숫자를 구하시오.

( )

⑵ $\square$ 안에 들어갈 수 있는 가장 작은 수를 구하시오.

( )

3 (몇)×(몇십몇), (몇십몇)×(몇십몇)

• 곱하는 수의 순서를 바꾸어 곱해도 곱은 같습니다.

(몇)×(몇십몇)

$$
\begin{array}{r}
4 \\
\times\ 1\ 8 \\
\hline
3\ 2 \leftarrow 4\times 8 \\
4\ 0 \leftarrow 4\times 10 \\
\hline
7\ 2
\end{array}
$$

$$4\times 18 = 18\times 4 = 72$$

곱셈의 교환법칙

(몇십몇)×(몇십몇)

$$
\begin{array}{r}
\overset{1}{3}\ 2 \\
\times\ \ \ 4\ 5 \\
\hline
1\ 6\ 0 \leftarrow 32\times 5 \\
1\ 2\ 8\ 0 \leftarrow 32\times 40 \\
\hline
1\ 4\ 4\ 0
\end{array}
$$

$$
\begin{aligned}
32\times 45 &= (32\times 40)+(32\times 5) \\
&= 1280+160 \\
&= 1440
\end{aligned}
$$

---

1 □ 안에 알맞은 수를 써넣으시오.

(1)
$$
\begin{aligned}
6\times\ \ 2 &= \boxed{} \\
6\times 30 &= \boxed{} \\
\hline
6\times 32 &= \boxed{}
\end{aligned}
$$

(2)
$$
\begin{aligned}
27\times\ \ 3 &= \boxed{} \\
27\times 20 &= \boxed{} \\
\hline
27\times 23 &= \boxed{}
\end{aligned}
$$

2 □ 안에 알맞은 수를 써넣으시오.

$$
\begin{aligned}
34\times 25 &= 17\times \boxed{} \times 25 \\
&= 17\times \boxed{} \\
&= \boxed{}
\end{aligned}
$$

3 계산이 <u>잘못된</u> 부분을 찾아 바르게 고치시오.

$$
\begin{array}{r}
2\ 4 \\
\times\ 7\ 3 \\
\hline
7\ 2 \\
1\ 6\ 8 \\
\hline
2\ 4\ 0
\end{array}
$$
➡

4 빨간 구슬은 한 봉지에 8개씩 32봉지 있고, 노란 구슬은 한 봉지에 14개씩 25봉지 있습니다. 구슬은 모두 몇 개 있습니까?

(   )

5 곱이 500보다 작은 것을 모두 찾아 기호를 쓰시오.

> ⊙ 9×58 ⓒ 17×29 ⓒ 42×13 ⓔ 31×16

(   )

곱이 가장 크거나 가장 작은 (몇십몇)×(몇십몇)의 곱셈식 만들기

네 숫자 ⊙, ⓒ, ⓒ, ⓔ을 모두 한 번씩 사용하여 (몇십몇)×(몇십몇)의 곱셈식을 만들 때 (단, ⊙>ⓒ>ⓒ>ⓔ)

- 곱이 가장 큰 곱셈식

  가장 큰 숫자와 두 번째로 큰 숫자를 십의 자리에 놓고 화살표 방향으로 다음 숫자들을 놓습니다.

- 곱이 가장 작은 곱셈식

  가장 작은 숫자와 두 번째로 작은 숫자를 십의 자리에 놓고 화살표 방향으로 다음 숫자들을 놓습니다.

6 네 숫자 3, 4, 5, 6을 모두 한 번씩만 사용하여 만든 곱셈식입니다. 곱셈을 한 다음 곱이 가장 큰 것에 ○표, 가장 작은 것에 △표 하시오.

6 4	6 3	3 5	3 6
× 5 3	× 5 4	× 4 6	× 4 5

(   )   (   )   (   )   (   )

최상위 S 잘못 계산한 식으로 처음 수를 구한다.

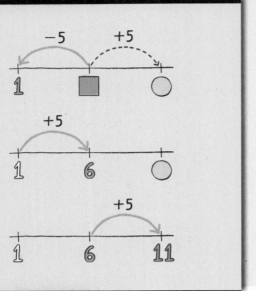

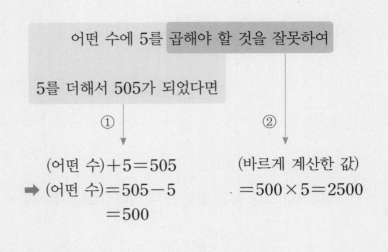

어떤 수에 5를 곱해야 할 것을 잘못하여

5를 더해서 505가 되었다면

① →
(어떤 수)+5=505
➡ (어떤 수)=505-5
=500

② →
(바르게 계산한 값)
=500×5=2500

대표문제 1 어떤 수에 7을 곱해야 할 것을 잘못하여 7을 뺐더니 409가 되었습니다. 바르게 계산하면 얼마가 됩니까?

먼저 어떤 수를 구합니다.

어떤 수를 ■라고 하면 ■-□=409

■=409+□

■=□

따라서 바르게 계산하면 □×7=□입니다.

1-1 어떤 수에서 3을 뺐더니 100이 되었습니다. 어떤 수에 3을 곱하면 얼마가 됩니까?

(   )

1-2 어떤 수에 20을 곱해야 할 것을 잘못하여 20을 더했더니 68이 되었습니다. 바르게 계산하면 얼마가 됩니까?

(   )

1-3 184에 어떤 수를 곱해야 할 것을 잘못하여 어떤 수를 뺐더니 175가 되었습니다. 바르게 계산하면 얼마가 됩니까?

(   )

1-4 어떤 수에 17을 곱해야 할 것을 잘못하여 더했더니 22가 되었습니다. 바르게 계산한 값과 잘못 계산한 값의 곱은 얼마입니까?

(   )

식을 만들고 순서에 맞게 계산하여 구한다.

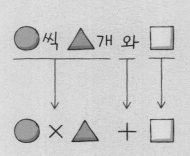

한 상자에　　빵이 15개,　　우유가 25개 들어 있을 때

$\downarrow \times 10$　　$\downarrow \times 10$　　$\downarrow \times 10$

10상자에 담긴 빵은 (15×10)개, 우유는 (25×10)개입니다.

➡ (10상자에 담긴 빵과 우유의 수)$= (15 \times 10) + (25 \times 10)$
$\qquad\qquad\qquad\qquad\qquad\qquad = 150 + 250$
$\qquad\qquad\qquad\qquad\qquad\qquad = 400$(개)

대표문제 2

지우개 한 개는 90원이고 가위 한 개는 95원입니다. 민석이네 반 학생 30명에게 지우개와 가위를 한 개씩 나누어 주려고 합니다. 지우개와 가위를 사는 데 필요한 돈은 모두 얼마입니까?

지우개와 가위를 각각 [　　]개씩 사야 합니다.

(지우개 30개의 값)$= 90 \times$ [　　] $=$ [　　] (원)

$+$) (가위 30개의 값)　$= 95 \times$ [　　] $=$ [　　] (원)

(필요한 돈)　　　　$=$ [　　] (원)

2-1 서연이는 550원짜리 빵을 7개 사려고 합니다. 서연이가 빵을 사는 데 필요한 돈은 얼마입니까?

( )

2-2 노란색 수수깡 한 개의 길이는 23 cm이고 파란색 수수깡 한 개의 길이는 28 cm입니다. 시현이네 반 학생 34명에게 노란색 수수깡과 파란색 수수깡을 한 개씩 나누어 주었습니다. 시현이네 반 학생들에게 나누어 준 수수깡의 전체 길이는 몇 cm입니까?

( )

2-3 경준이는 80원짜리 막대사탕 12개와 745원짜리 초콜릿 8개를 사고 7000원을 냈습니다. 경준이가 받아야 할 거스름돈은 얼마입니까?

( )

2-4 식품별 열량이 오른쪽과 같습니다. 준호가 고구마 3개, 귤 12개, 과자 2봉지를 먹었다면 준호가 먹은 식품의 열량은 모두 몇 킬로칼로리입니까?

( )

식품	열량(킬로칼로리)
고구마 1개	132
귤 1개	50
과자 1봉지	354
떡 1개	72

깃발을 2개 놓을 때 생기는
간격 수는 끊어진 길은 1개, 만나는 길은 2개이다.

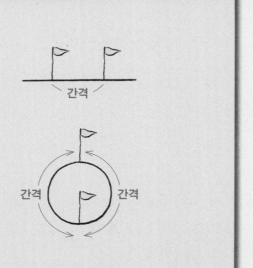

도로의 처음부터 끝까지 20 m 간격으로 나무를 심을 때

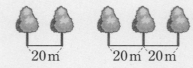
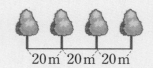

20 m   20 m 20 m   20 m 20 m 20 m

➡ (간격 수)=(나무의 수)−1

대표문제 3 원 모양의 호수 둘레에 깃발을 18 m 간격으로 31개 세웠습니다. 호수의 둘레는 몇 m 입니까? (단, 깃발의 두께는 생각하지 않습니다.)

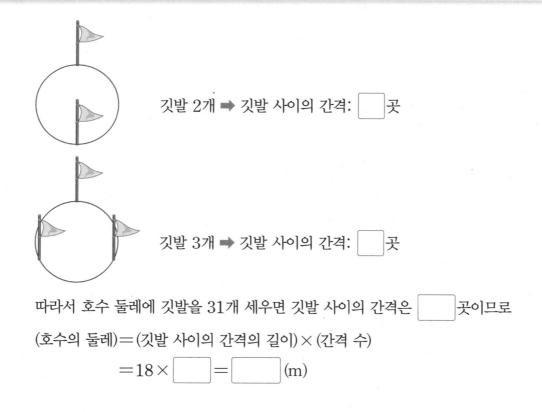

깃발 2개 ➡ 깃발 사이의 간격: ☐ 곳

깃발 3개 ➡ 깃발 사이의 간격: ☐ 곳

따라서 호수 둘레에 깃발을 31개 세우면 깃발 사이의 간격은 ☐ 곳이므로

(호수의 둘레)=(깃발 사이의 간격의 길이)×(간격 수)

=18×☐=☐ (m)

3-1 운동장에 원을 그린 다음 어린이 4명이 원을 따라 120 cm 간격으로 서 있습니다. 운동장에 그린 원의 둘레는 몇 cm입니까? (단, 어린이가 서 있는 공간의 길이는 생각하지 않습니다.)

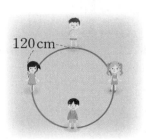

(   )

3-2 원 모양의 목장 둘레에 말뚝을 박아 울타리를 만들려고 합니다. 말뚝 사이의 간격을 5 m로 하면 말뚝이 62개 필요합니다. 목장의 둘레는 몇 m입니까? (단, 말뚝의 두께는 생각하지 않습니다.)

(   )

3-3 곧게 뻗은 산책로의 한쪽에 처음부터 끝까지 나무가 9 m 간격으로 심어져 있습니다. 한쪽에 심은 나무가 모두 40그루라면 산책로의 길이는 몇 m입니까? (단, 나무의 두께는 생각하지 않습니다.)

(   )

3-4 정사각형 모양의 화단의 둘레를 따라 해바라기를 일정한 간격으로 심었습니다. 화단의 각 꼭짓점에는 해바라기를 심었고, 한 변에 심은 해바라기는 15포기입니다. 해바라기 사이의 간격이 68 cm일 때 화단의 둘레는 몇 cm입니까? (단, 해바라기의 두께는 생각하지 않습니다.)

(   )

곱하는 수를 어림하면 곱의 크기를 대략 알 수 있다.

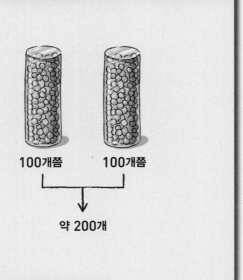

100개쯤   100개쯤

약 200개

$29 \times \square \; > \; 208$

약 30으로 어림하면 $30 \times 7 = 210 \; > \; 208$

$\square$ 안에 7을 넣어 보면 $29 \times 7 = 203 \; < \; 208$

따라서 $\square$ 안에는 7보다 큰 수인 8, 9, 10……이 들어갑니다.

대표문제 4

■ 안에 들어갈 수 있는 한 자리 수를 모두 구하시오.

$$\blacksquare \times 95 \; > \; 20 \times 30$$

$20 \times 30 = \boxed{}$ 이므로 주어진 식은 $\blacksquare \times 95 > \boxed{}$ 입니다.

95를 약 90으로 어림하면 $7 \times 90 = \boxed{} > 600$입니다.

■ 안에 7을 넣어 보면

$7 \times 95 = \boxed{} \bigcirc 600$

따라서 ■ 안에 들어갈 수 있는 한 자리 수는 $\boxed{}$, $\boxed{}$, 9입니다.

4-1 □ 안에 들어갈 수 있는 수에 모두 ○표 하시오.

$$20 \times \square < 113 \times 3$$

(10   ,   14   ,   16   ,   17   )

4-2 □ 안에 들어갈 수 있는 한 자리 수를 모두 구하시오.

$$145 \times \square > 39 \times 20$$

(   )

4-3 □ 안에 들어갈 수 있는 수 중에서 가장 작은 수를 구하시오.

$$19 \times 14 < 5 \times \square$$

(   )

4-4 □ 안에 들어갈 수 있는 수는 모두 몇 개입니까?

$$20 \times 80 < 530 \times \square < 57 \times 48$$

(   )

낮은 자리부터 각 자리 수끼리 계산한다.

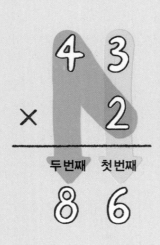

두번째 첫번째

$$
\begin{array}{r}
3\ ⓐ \\
\times\quad 7 \\
\hline
2\ ⓑ\ 6
\end{array}
$$

① ⓐ×7=□6
   7의 단 곱셈구구 중 곱의 일의 자리 숫자가 6인 수: 56
   ➡ ⓐ×7=56, ⓐ=8

② 38×7=266
   ➡ ⓑ=6

ⓐ과 ⓑ에 알맞은 수를 각각 구하시오.

$$
\begin{array}{r}
ⓐ\ 7\ 4 \\
\times\qquad ⓑ \\
\hline
6\ 9\ 9\ 2
\end{array}
$$

$$
\begin{array}{r}
ⓐ\ 7\ 4 \\
\times\qquad ⓑ \\
\hline
6\ 9\ 9\ 2
\end{array}
$$

곱의 일의 자리 숫자가 2이므로 ⓑ=3 또는 ⓑ=□입니다.

ⓑ=3이면
$$
\begin{array}{r}
ⓐ\ 7\ 4 \\
\times\qquad 3 \\
\hline
●\ ▲\ 2\ 2
\end{array}
$$
에서 곱의 십의 자리 숫자가 2이므로 ⓑ은 3이 될 수 없습니다.

ⓑ=□이면
$$
\begin{array}{r}
ⓐ\ 7\ 4 \\
\times\qquad □ \\
\hline
●\ ▲\ 9\ 2
\end{array}
$$
에서 곱의 십의 자리 숫자가 9이므로 ⓑ=□입니다.

$$
\begin{array}{r}
5\ 3\quad \\
ⓐ\ 7\ 4 \\
\times\qquad □ \\
\hline
6\ 9\ 9\ 2
\end{array}
$$

십의 자리의 계산에서 백의 자리로 5를 올림하므로
ⓐ×□+5=69, ⓐ×□=64, ⓐ=□입니다.

5-1 ☐ 안에 알맞은 수를 써넣으시오.

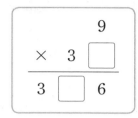

5-2 ☐ 안에 알맞은 수를 써넣으시오.

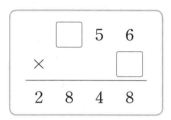

5-3 ■와 ▲에 알맞은 수를 각각 구하시오.

$$7■ × ▲3 = 3397$$

■ (   ), ▲ (   )

5-4 같은 숫자가 적힌 수 카드 3장으로 오른쪽과 같은 곱셈식을 만들어 계산했더니 곱이 3●6이었습니다. 수 카드에 적힌 수와 ●에 알맞은 수를 차례로 구하시오.

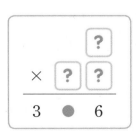

(   ), (   )

최상위

연속하는 자연수는 1씩 커진다.

연속하는 세 자연수는 다음과 같이 나타낼 수 있습니다.

① □−2, □−1, □

② □−1, □, □+1

③ □, □+1, □+2

④ □+1, □+2, □+3

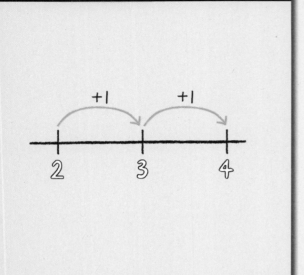

대표문제 6

1, 2, 3 또는 99, 100, 101과 같이 차례로 늘어놓은 수를 연속하는 자연수라고 합니다. 연속하는 세 자연수의 합이 27일 때 이 세 수의 곱을 구하시오.

연속하는 세 자연수를 □−1, □, □+1이라고 하면

(□−1)+□+(□+1)= □ 이고

□+□+□= □ 이므로

□= □ 입니다.

따라서 합이 27인 연속하는 세 자연수는 _____ 이고,

세 수의 곱은 □ 입니다.

6-1 연속하는 두 자연수의 합이 23일 때 이 두 수의 곱을 구하시오.

(   )

6-2 연속하는 세 자연수의 합이 60입니다. 이 세 수 중 가장 큰 수와 가장 작은 수의 곱을 구하시오.

(   )

6-3 연속하는 세 자연수의 합이 48입니다. 이 세 수 중 가장 큰 수를 ■, 가장 작은 수를 ●라고 할 때 다음을 계산하시오.

$$(■ + ●) \times 50$$

(   )

6-4 2, 4, 6 또는 30, 32, 34와 같이 차례로 늘어놓은 짝수를 연속하는 짝수라고 합니다. 연속하는 세 짝수의 합이 90일 때 가장 작은 짝수와 가장 큰 짝수의 곱의 5배를 구하시오.

(   )

높은 자리일수록 값이 크다.

최상위
S

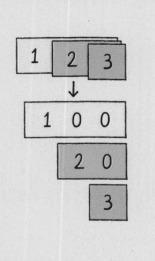

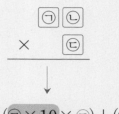

$$(㉠ × 10 × ㉢) + (㉡ × ㉢)$$

➡ 십의 자리와 일의 자리에 모두 곱하는 수는
㉢이므로 곱이 가장 크게 되려면 ㉢에 가장
큰 숫자를 놓아야 합니다.

대표문제 7

수 카드 4 , 7 , 9 , 2 를 한 번씩만 사용하여 오른쪽과 같은
곱셈식을 만들어 계산하려고 합니다. 계산한 값 중 가장 큰 곱은 얼마
입니까?

곱이 크려면 두 수의 십의 자리에 가장 큰 숫자와 두 번째로 큰 숫자를 놓아야 합니다.

따라서 두 수의 십의 자리에 ☐ , ☐ 을 놓고 나머지 숫자를 일의 자리에 놓으면

만들 수 있는 곱셈식은   ☐ 4   ☐ 2   입니다.

         × ☐ 2   × ☐ 4

     ☐ ,   ☐

이때 ☐ < ☐ 이므로 가장 큰 곱은 ☐ 입니다.

7-1 세 숫자 2, 3, 4를 한 번씩만 사용하여 (몇)×(몇십몇)을 계산할 때 가장 큰 곱은 얼마입니까?

(   )

7-2 수 카드 3 , 8 , 5 , 6 을 한 번씩만 사용하여 오른쪽과 같은 곱셈식을 만들어 계산하려고 합니다. 계산한 값 중 가장 작은 곱은 얼마입니까?

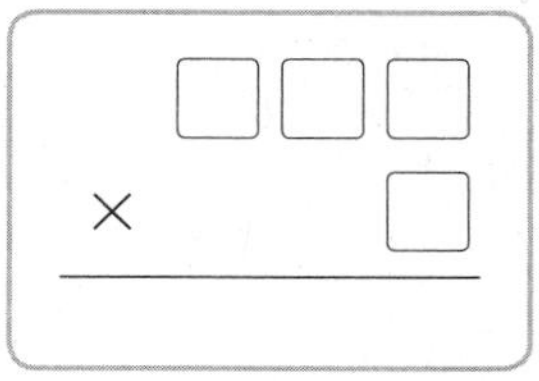

(   )

7-3 수 카드 9 , 3 , 4 , 0 을 한 번씩만 사용하여 (몇십몇)×(몇십)을 계산하려고 합니다. 가장 큰 곱과 가장 작은 곱을 차례로 구하시오.

(   ),(   )

7-4 소연이와 지훈이는 수 카드 7 , 2 , 8 , 5 를 각각 한 번씩만 사용하여 곱이 가장 작은 곱셈식을 만들었습니다. 소연이와 지훈이가 만든 곱셈식이 다음과 같을 때 두 곱의 차를 구하시오.

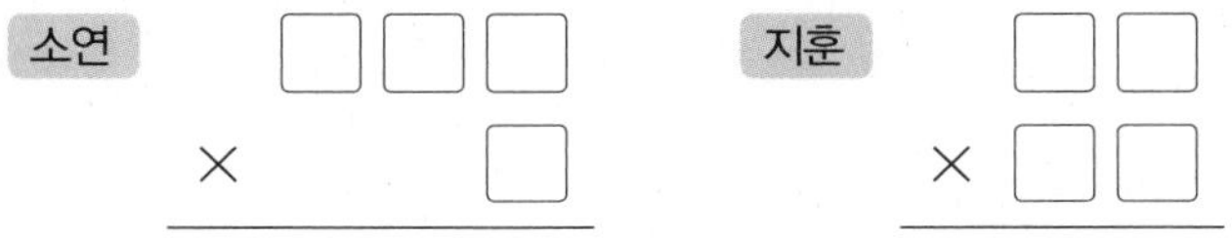

소연					지훈		

(   )

일정하게 커지는 수의 합은 가운데 수의 몇 배로 나타낼 수 있다.

$(\square-2)+(\square-1)+\square+(\square+1)+(\square+2)$

$=\underbrace{\square\quad+\quad\square\quad\quad+\square+\quad\square\quad\quad+\quad\square}_{\text{5개}}$

$=\square\times5$

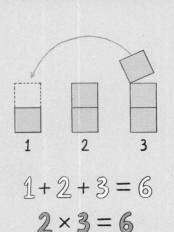

$1+2+3=6$

$2\times3=6$

다음 식에서 ■, ●에 알맞은 수를 각각 구하시오. (단, ▲는 1이 아닌 한 자리 수입니다.)

$$860+862+864+866+868=\blacksquare\times\blacktriangle=\bullet$$

$$\overbrace{860\ +\ 862\ +\ 864\ +\ 866\ +\ 868}^{\text{5개의 수}}$$

가운데 수

$=(864-\square)+(864-\square)+864+(864+\square)+(864+\square)$

$=\boxed{}\times5=\boxed{}$

따라서 ■=$\boxed{}$, ▲=5, ●=$\boxed{}$ 입니다.

8-1 □ 안에 알맞은 수를 써넣으시오.

$$98+99+100+101+102=\boxed{}\times5=\boxed{}$$

8-2 다음 식에서 ㉠, ㉡, ㉢에 알맞은 수를 각각 구하시오. (단, ㉠>㉡>1)

$$425+427+429+431+433+435+437=㉠\times㉡=㉢$$

㉠ (   ), ㉡ (   ), ㉢ (   )

8-3 □ 안에 알맞은 수를 써넣으시오.

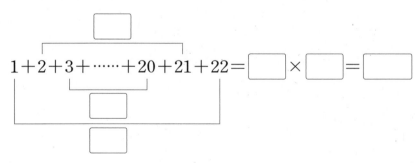

$$1+2+3+\cdots\cdots+20+21+22=\boxed{}\times\boxed{}=\boxed{}$$

8-4 $1+2+3+\cdots\cdots+11+12=78$임을 이용하여 다음 덧셈식을 곱셈식으로 나타내어 계산하시오.

$$12+24+36+\cdots\cdots+132+144=\boxed{}\times\boxed{}=\boxed{}$$

MATH MASTER

1 한 봉지에 30개씩 들어 있는 사탕이 20봉지 있습니다. 이 사탕을 학생 112명에게 4개씩 나누어 준다면 사탕은 몇 개가 남겠습니까?

( )

2 준혁이는 3월 1일부터 6월 25일까지 매일 수학 문제를 9개씩 풀었습니다. 준혁이가 이 기간 동안 푼 수학 문제는 모두 몇 개입니까?

( )

3 유진이와 삼촌의 나이의 합은 43이고 나이의 차는 21입니다. 삼촌의 나이가 더 많을 때 유진이와 삼촌의 나이의 곱은 얼마입니까?

( )

4 $\bigcirc \blacktriangle \bigcirc = \bigcirc \times (\bigcirc - \bigcirc)$으로 약속할 때 다음을 계산하시오.

$$49 \blacktriangle 79$$

( )

5 한솔이가 동화책을 펼쳤더니 펼친 두 면의 쪽수의 합이 109였습니다. 펼친 두 면의 쪽수의 곱은 얼마입니까?

( )

6 어느 문구점에서 공책 한 권을 615원에 사 와서 900원에 팔고, 지우개 한 개를 70원에 사 와서 100원에 팝니다. 이 문구점에서 공책 8권과 지우개 26개를 팔았을 때의 이익은 모두 얼마입니까?

( )

7 길이가 26 cm인 색 테이프를 8 cm씩 겹쳐서 다음과 같이 한 줄로 이어 붙이려고 합니다. 이어 붙인 색 테이프가 35장이라면 이어 붙인 색 테이프의 전체 길이는 몇 cm입니까?

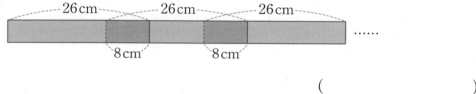

( )

8 어느 공장에서 하루에 생산하는 오토바이는 13대입니다. 이 공장에서 10주 동안 하루도 빠짐없이 오토바이를 생산한다면 오토바이의 바퀴는 모두 몇 개 필요합니까?

( )

9 여자 어린이를 7명씩 38줄로 세우면 4명이 남고, 남자 어린이를 16명씩 20줄로 세우면 5명이 부족합니다. 어린이는 모두 몇 명입니까?

(   )

[10~11] 보기 와 같은 방법으로 계산하려고 합니다. 물음에 답하시오.

> 보기
> • 세 자리 수를 생각하여 각 자리 숫자를 곱합니다.
> • 각 자리 숫자의 곱이 한 자리 수가 될 때까지 계속 반복합니다.
>   예 $238 \rightarrow 2 \times 3 \times 8 = \boxed{48}$, $48 \rightarrow 4 \times 8 = \boxed{32}$, $32 \rightarrow 3 \times 2 = \boxed{6}$

10 ☐ 안에 알맞은 수를 써넣으시오.

$746 \rightarrow \boxed{} \rightarrow \boxed{} \rightarrow \boxed{} \rightarrow \boxed{}$

11 ㉠에 알맞은 수를 모두 구하시오.

$$㉠ \rightarrow 27 \rightarrow 14 \rightarrow 4$$

(   )

12 수아와 주희는 운동장의 같은 지점에서 동시에 출발하여 서로 반대 방향으로 운동장 둘레를 걸었습니다. 1분 동안 수아는 60 m, 주희는 55 m를 가는 빠르기로 걸었더니 두 사람은 3분 후에 처음으로 만났습니다. 수아와 주희가 5번째로 만났을 때 걷는 것을 멈췄다면 수아와 주희가 걸은 거리의 합은 몇 m입니까?

(   )

2

나눗셈

1 나머지가 없는 (두 자리 수) ÷ (한 자리 수)

1-1

• 몫은 나누어지는 수에서 나누는 수를 뺄 수 있는 횟수입니다.
• 곱셈과 뺄셈으로 몫을 구합니다.

(몇십)÷(몇)

• 80÷4

$$8 \div 4 = 2$$

10배 ↓   10배 ↓

$$80 \div 4 = 20$$

나누어지는 수가 10배가 되면 몫도 10배가 됩니다.

(몇십몇)÷(몇)

• 24÷2

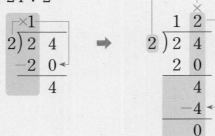

```
 ×1           1 2 ×
2)2 4    ➡    2)2 4
 -2 0          2 0
   4             4
               -4
                 0
```

• 60÷4

```
   ×1          1 5 ×
4)6 0    ➡    4)6 0
 -4 0          4 0
   2 0         2 0
              -2 0
                 0
```

십, 일의 자리 순서로 나눕니다.

• 36÷2

```
   ×1          1 8 ×
2)3 6    ➡    2)3 6
 -2 0          2 0
   1 6         1 6
              -1 6
                 0
```

1
□ 안에 알맞은 수를 써넣으시오.

(1) $20 \div 2 = \boxed{}$

$6 \div 2 = \boxed{}$

$26 \div 2 = \boxed{}$

(2) $80 \div 4 = \boxed{}$

$4 \div 4 = \boxed{}$

$84 \div 4 = \boxed{}$

2
빈 곳에 알맞은 수를 써넣으시오.

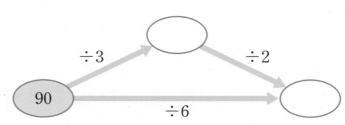

3 나눗셈의 몫이 큰 것부터 차례로 기호를 쓰시오.

$$\bigcirc\ 60 \div 2 \qquad \bigcirc\ 90 \div 2 \qquad \bigcirc\ 60 \div 5 \qquad \textcircled{\scriptsize ㄹ}\ 90 \div 5$$

( )

4 동물원에 있는 기린의 다리를 모두 세었더니 48개였습니다. 기린은 모두 몇 마리입니까?

식 _____ 답 _____

나눗셈식에서 □의 값 구하기

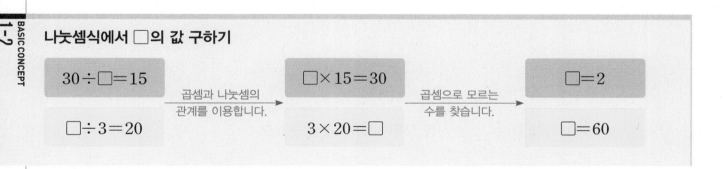

$$30 \div \square = 15$$

곱셈과 나눗셈의 관계를 이용합니다.

$$\square \times 15 = 30$$

곱셈으로 모르는 수를 찾습니다.

$$\square = 2$$

$$\square \div 3 = 20 \qquad\qquad 3 \times 20 = \square \qquad\qquad \square = 60$$

5 □ 안에 알맞은 수를 써넣으시오.

(1) $80 \div \boxed{} = 20$ 　　　　　(2) $\boxed{} \div 4 = 12$

6 어떤 수를 5로 나눈 몫이 12였습니다. 어떤 수를 2로 나눈 몫은 얼마입니까?

( )

2 나머지가 있는 (두 자리 수)÷(한 자리 수)

• 곱셈으로 몫을 구하고 뺄셈으로 나머지를 구합니다.

(몇십몇)÷(몇)의 몫과 나머지

• $25 \div 2$

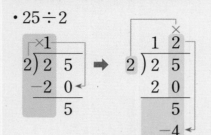

$$2)\overline{25}$$ 에서 -20 의 5 $\Rightarrow$ $2)\overline{25}$ 의 12, 20, 5, -4, $1 \leftarrow$ 나머지

나누어지는 수   나누는 수
↓   ↓
$$25 \div 2 = 12 \cdots 1$$
↑   ↑
몫   나머지

나머지는 항상 나누는 수보다 작아야 합니다.
$25 \div 2 = 11 \cdots 3$ $25 \div 2 = 12 \cdots 1$

$$\begin{array}{r} 12 \\ 2)\overline{24} \\ 20 \\ \hline 4 \\ 4 \\ \hline 0 \end{array}$$

위와 같이 나머지가 0일 때 나누어떨어진다고 합니다.

---

1 나눗셈에서 잘못된 곳을 찾아 바르게 고치시오.

$$\begin{array}{r} 10 \\ 7)\overline{78} \\ 70 \\ \hline 8 \end{array}$$ ➡ □

2 나머지가 5가 될 수 없는 식을 모두 찾아 기호를 쓰시오.

| ㉠ ■÷6 | ㉡ ■÷5 | ㉢ ■÷8 | ㉣ ■÷4 |

(   )

3 ●가 될 수 있는 수 중에서 가장 작은 수를 구하시오.

■÷●=▲ ⋯ 6

(   )

4 쿠키 63개를 한 봉지에 5개씩 담았습니다. 봉지에 담지 못한 쿠키는 몇 개입니까?

식 _____ 답 _____

5 80보다 크고 85보다 작은 수 중에서 7로 나눌 때 나누어떨어지는 수를 구하시오.

(   )

2-2
BASIC CONCEPT

나눗셈의 검산: 나눗셈의 몫과 나머지가 맞는지 확인하는 계산

$$25 \div 2 = 12 \cdots 1$$

검산 $2 \times 12 + 1 = 25$

---

6 ☐ 안에 알맞은 수를 써넣으시오.

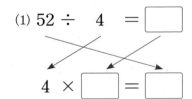

(1) $52 \div 4 = \boxed{}$

$4 \times \boxed{} = \boxed{}$

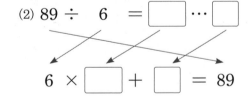

(2) $89 \div 6 = \boxed{} \cdots \boxed{}$

$6 \times \boxed{} + \boxed{} = 89$

7 ■에 알맞은 수를 구하시오.

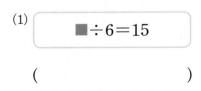

(1) $■ \div 6 = 15$

(   )

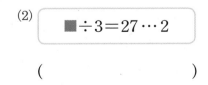

(2) $■ \div 3 = 27 \cdots 2$

(   )

3 (세 자리 수)÷(한 자리 수)

- 몫은 나누어지는 수에서 나누는 수를 뺄 수 있는 횟수입니다.
- 곱셈으로 몫을 구하고 뺄셈으로 나머지를 구합니다.

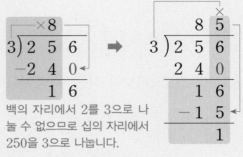

(세 자리 수)÷(한 자리 수)의 몫과 나머지

· $420 \div 3$

$$420 \div 3 = 140$$

· $256 \div 3$

백의 자리에서 2를 3으로 나눌 수 없으므로 십의 자리에서 250을 3으로 나눕니다.

$$256 \div 3 = 85 \cdots 1$$

검산 $3 \times 85 + 1 = 256$

---

1 ☐ 안에 알맞은 수를 써넣으시오.

☐배

$98 \div 7 = $ ☐ ➡ $980 \div 7 = $ ☐

10배

2 ☐ 안에 알맞은 수를 써넣으시오.

$565 \div 5$ ⎰ $500 \div 5 = $ ☐ ⎱ ☐
⎱ $65 \div 5 = $ ☐ ⎰

3 나머지가 가장 큰 것을 찾아 기호를 쓰시오.

㉠ $203 \div 7$ ㉡ $569 \div 9$ ㉢ $415 \div 4$

( )

4 민성이는 196쪽짜리 과학책을 일주일 동안 다 읽으려고 합니다. 매일 같은 쪽수씩 읽는다면 하루에 몇 쪽씩 읽어야 합니까?

식 .... 답 ....

5 연필을 8자루 사고 1000원을 내었더니 거스름돈으로 40원을 주었습니다. 연필 한 자루의 값은 얼마입니까?

(   )

몫이 가장 큰 또는 가장 작은 (세 자리 수)÷(한 자리 수) 만들기

2	3
4	5

➡ 몫이 가장 큰 경우: 세 자리 수를 가장 크게, 나누는 한 자리 수를 가장 작게 만듭니다.

➡ $543 \div 2 = 271 \cdots 1$

몫이 가장 작은 경우: 세 자리 수를 가장 작게, 나누는 한 자리 수를 가장 크게 만듭니다.

➡ $234 \div 5 = 46 \cdots 4$

6 수 카드를 모두 한 번씩 사용하여 (세 자리 수)÷(한 자리 수)의 나눗셈식을 만들려고 합니다. 몫이 가장 큰 경우와 가장 작은 경우의 식을 각각 쓰고, 몫과 나머지를 구하시오.

2	9	5	4

몫이 가장 클 때: 식 .... 몫 (   ), 나머지 (   )

몫이 가장 작을 때: 식 .... 몫 (   ), 나머지 (   )

남는 것이 없으려면 나머지를 나누는 수로 만들어야 한다.

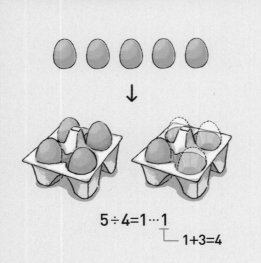

5÷4=1···1
1+3=4

과자 23개를 5명에게 똑같이 나누어 주면

$$23 \div 5 = 4 \cdots 3$$

한 사람이 4개씩 받고 3개가 남습니다.

➡ 남은 3개를 5명에게 주려면 2개가 부족합니다.

따라서 과자가 2개 더 있으면 5명에게 5개씩 나누어 줄 수 있습니다.

대표문제 1

공책 76권을 지수네 모둠 6명에게 남는 것 없이 똑같이 나누어 주려고 합니다. 공책은 적어도 몇 권 더 필요합니까?

$$76 \div 6 = \boxed{} \cdots \boxed{}$$

지수네 모둠 6명에게 공책을 $\boxed{}$ 권씩 나누어 주면 $\boxed{}$ 권이 남습니다.

남는 $\boxed{}$ 권을 6명에게 한 권씩 나누어 주면 $6 - \boxed{} = \boxed{}$ (명)이 받을 수 없습니다.

따라서 남는 것 없이 똑같이 나누어 주려면 공책은 적어도 $\boxed{}$ 권 더 필요합니다.

1-1 귤 87개를 9명에게 남는 것 없이 똑같이 나누어 주려고 합니다. 귤은 적어도 몇 개 더 필요합니까?

(   )

1-2 파란색 구슬 27개와 노란색 구슬 37개가 있습니다. 이 구슬을 색깔 구분없이 5개의 통에 남는 것 없이 똑같이 나누어 넣으려고 합니다. 구슬은 적어도 몇 개 더 있어야 합니까?

(   )

1-3 지우개가 106개 있습니다. 이 지우개를 8개의 모둠에 남는 것 없이 똑같이 나누어 주려고 합니다. 지우개를 3개씩 묶음으로만 판다면 적어도 몇 묶음 더 사야 합니까?

(   )

1-4 사탕 66개와 초콜릿 30개를 희아네 모둠 학생들에게 똑같이 나누어 주려고 합니다. 사탕을 9개씩 나누어 주면 3개가 남을 때 초콜릿은 적어도 몇 개 더 필요합니까?

(   )

곱셈과 덧셈으로 나누기 전의 수를 알 수 있다.

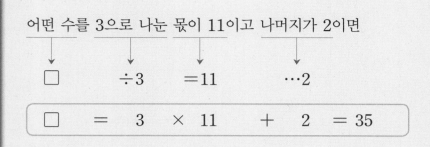

어떤 수를 3으로 나눈 몫이 11이고 나머지가 2이면

$$\square \qquad \div 3 \qquad =11 \qquad \cdots 2$$

$$\square \quad = \quad 3 \quad \times \quad 11 \quad + \quad 2 \quad = 35$$

$$9 \div 4 = 2 \cdots 1$$

$$9 = 4 \times 2 + 1$$

대표문제 2

어떤 수를 8로 나누었더니 몫은 9이고 나머지는 1이었습니다. 이 수를 5로 나눈 몫과 나머지를 각각 구하시오.

어떤 수를 ■라고 하면

$$\blacksquare \div 8 = 9 \cdots 1$$

$$\blacksquare = \boxed{} \times \boxed{} + \boxed{} = \boxed{}$$

따라서 어떤 수는 $\boxed{}$ 이고 이 수를 5로 나누면

$$\boxed{} \div 5 = \boxed{} \cdots \boxed{}$$

이므로 몫은 $\boxed{}$, 나머지는 $\boxed{}$ 입니다.

2-1 어떤 수를 5로 나누었더니 몫은 13이고 나머지는 4였습니다. 어떤 수는 얼마입니까?

(   )

2-2 어떤 수를 6으로 나누었더니 몫은 10이고 나머지는 나올 수 있는 수 중 가장 큰 수였습니다. 어떤 수를 4로 나누었을 때의 나머지를 구하시오.

(   )

2-3 67을 어떤 수로 나누었더니 몫은 8이고 나머지는 3이었습니다. 135를 어떤 수로 나누었을 때의 몫과 나머지를 각각 구하시오.

몫 (   )
나머지 (   )

2-4 71을 어떤 수로 나누었더니 몫은 7이고 나머지는 나올 수 있는 수 중 가장 큰 수였습니다. 어떤 수로 나누었을 때 나누어떨어지는 수 중 가장 큰 두 자리 수를 구하시오.

(   )

알 수 있는 것부터 차례로 구한다.

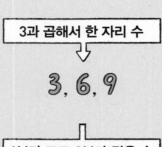

3과 곱해서 한 자리 수

3, 6, 9

4보다 크고 8보다 작은 수

6

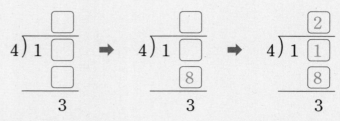

4와 곱해서 한 자리 수가 되는 수 중 십몇에서 빼서 3이 될 수 있는 수는 8입니다.

대표문제 **3**

□ 안에 알맞은 수를 써넣으시오.

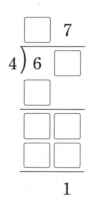

① 6에 4는 한 번 들어가므로 다음 □ 안의 수를 구할 수 있습니다.

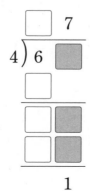

② 4×7=28이므로 다음 □ 안의 수를 구할 수 있습니다.

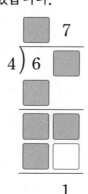

③ 나머지가 1이므로 다음 □ 안의 수를 구할 수 있습니다.

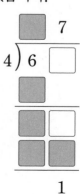

3-1

□ 안에 알맞은 수를 써넣으시오.

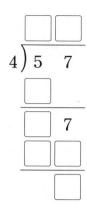

3-2

□ 안에 알맞은 수를 써넣으시오.

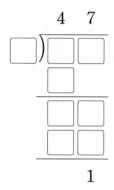

3-3

□ 안에 알맞은 수를 써넣으시오.

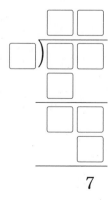

나머지는 나누는 수보다 작다.

$\blacksquare \div 6 = \bullet \cdots \bigstar$ 에서

$\bigstar$이 될 수 있는 수는 나누는 수 6보다 작은 0, 1, 2, 3, 4, 5입니다.

$6 \div 2 = 3$

$7 \div 2 = 3 \cdots 1$

$8 \div 2 = 4$

$9 \div 2 = 4 \cdots 1$

$10 \div 2 = 5$

대표문제 4

$\blacksquare$에 알맞은 수 중에서 가장 큰 수를 구하시오.

$$\blacksquare \div 8 = 11 \cdots \blacktriangle$$

$\blacksquare \div 8 = 11 \cdots \blacktriangle$ 에서

나누는 수는 $\boxed{}$이므로 나머지 $\blacktriangle$는 $\boxed{}$보다 작습니다.

따라서 $\blacksquare$에 알맞은 수 중에서 가장 큰 수는 나머지 $\blacktriangle$가 $\boxed{}$일 때이므로

$\blacksquare = 8 \times 11 + \boxed{} = \boxed{}$입니다.

다른 풀이 |

$\blacksquare \div 8 = 11 \cdots \blacktriangle$ 에서 8로 나누었을 때 몫은 $\boxed{}$입니다.

따라서 $\blacksquare$에 알맞은 수 중에서 가장 큰 수는 몫이 12이고

나누어떨어지는 수보다 $\boxed{}$ 작은 수이므로 $\blacksquare = 8 \times 12 - \boxed{} = \boxed{}$입니다.

4-1 어떤 수를 5로 나누었더니 몫이 ●이고 나머지가 ★이었습니다. ★이 될 수 있는 수 중에서 가장 큰 수는 얼마입니까?

(   )

4-2 ☐ 안에 들어갈 수 있는 수 중에서 두 번째로 큰 수를 구하시오.

$$\boxed{☐ \div 9 = 15 \cdots ●}$$

(   )

4-3 두 자리 수 중에서 4로 나누었을 때 나머지가 1인 가장 큰 수를 구하시오.

(   )

4-4 다음 나눗셈에서 나머지가 가장 클 때 ■에 알맞은 숫자를 모두 구하시오.

$$\boxed{■9 \div 6}$$

(   )

모르는 수가 하나만 있는 식으로 만든다.

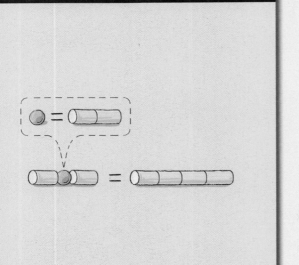

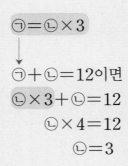

$㉠=㉡×3$

$㉠+㉡=12$이면

$㉡×3+㉡=12$

$㉡×4=12$

$㉡=3$

대표문제 5

승우는 길이가 88 cm인 철사를 모두 사용하여 오른쪽과 같은 직사각형 모양을 만들었습니다. 직사각형 모양의 긴 변의 길이가 짧은 변의 길이의 3배일 때 긴 변의 길이는 몇 cm입니까?

직사각형 모양의 짧은 변의 길이를 ●cm라고 하면 긴 변의 길이는 (●×3) cm이므로

$$\underbrace{(●×3)}_{긴 변}+\underbrace{●}_{짧은 변}+\underbrace{(●×3)}_{긴 변}+\underbrace{●}_{짧은 변}=\boxed{}$$

$$●×\boxed{}=\boxed{}$$

$$●=\boxed{}÷\boxed{}$$

$$●=\boxed{}\,(cm)$$

따라서 짧은 변의 길이가 $\boxed{}$ cm이므로 긴 변의 길이는

$\boxed{}×3=\boxed{}$ (cm)입니다.

5-1 길이가 60 cm인 막대를 두 도막으로 잘랐더니 긴 도막의 길이가 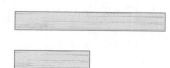 짧은 도막의 길이의 2배였습니다. 긴 도막과 짧은 도막의 길이는 각각 몇 cm입니까?

긴 도막 (   )

짧은 도막 (   )

5-2 길이가 90 cm인 끈을 모두 사용하여 직사각형 모양을 만들었습니다. 짧은 변의 길이가 긴 변의 길이의 절반일 때 긴 변과 짧은 변의 길이는 각각 몇 cm입니까?

긴 변 (   )

짧은 변 (   )

5-3 오른쪽 그림은 큰 정사각형을 4등분한 것입니다. 색칠한 직사각형의 네 변의 길이의 합이 72 cm일 때 큰 정사각형의 한 변의 길이는 몇 cm입니까?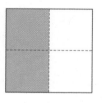

(   )

5-4 오른쪽 그림과 같이 정사각형 모양의 색종이를 똑같은 직사각형 모양 3조각으로 잘랐습니다. 자른 직사각형 모양 한 개의 네 변의 길이의 합이 80 cm일 때 처음 정사각형 모양의 네 변의 길이의 합은 몇 cm입니까?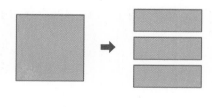

(   )

최상위

나누어떨어지는 나눗셈은 나머지가 0이다.

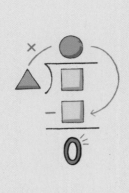

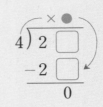

4와 곱해서 십의 자리 숫자가 2인 두 자리 수가 될 수 있는 수는 20, 24, 28이므로 ☐ 안에 들어갈 수 있는 숫자는 0, 4, 8입니다.

 대표문제 6

다음 나눗셈은 나누어떨어집니다. ■에 알맞은 수를 모두 구하시오. (단, 7■는 두 자리 수입니다.)

$$7\blacksquare \div 4$$

```
    1 ▲
4 ) 7 ■
    4      ← 4×1
    3 ■
    3 ■    ← 4×▲
    0
```

4로 나누어떨어지므로 왼쪽 나눗셈에서

$4 \times ▲ = 3\blacksquare$입니다.

4의 단 곱셈구구에서 곱의 십의 자리가 3인 경우는

$4 \times 8 = \boxed{}$, $4 \times 9 = \boxed{}$이므로

■에 알맞은 수는 $\boxed{}$, $\boxed{}$입니다.

6-1 다음 나눗셈은 나누어떨어집니다. □ 안에 알맞은 수를 구하시오. (단, 8□는 두 자리 수입니다.)

$$7\,)\overline{8\,\square}$$

(   )

6-2 다음 나눗셈이 나누어떨어질 때 □ 안에 알맞은 수를 모두 구하시오. (단, 92□는 세 자리 수입니다.)

$$92\square \div 8$$

(   )

6-3 다음 조건을 모두 만족하는 수를 구하시오.

· 60보다 크고 70보다 작습니다.
· 5로 나누면 나누어떨어집니다.

(   )

6-4 다음 조건을 모두 만족하는 수를 9로 나누면 몫은 얼마입니까?

· 800보다 크고 900보다 작습니다.
· 백의 자리와 십의 자리 숫자는 서로 같습니다.
· 6으로 나누면 나누어떨어집니다.

(   )

깃발을 2개 놓을 때 생기는
간격 수는 끊어진 길은 1개, 만나는 길은 2개이다.

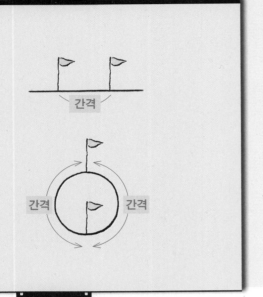

길이가 30 m인 도로의 한쪽에 처음부터 끝까지 5 m 간격으로 나무를 심을 때

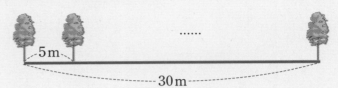

(나무와 나무 사이의 간격 수)=30÷5=6(곳)

(필요한 나무 수)=6+1=7(그루)

대표문제 7

길이가 98 m로 곧게 뻗은 산책로의 양쪽에 7 m 간격으로 나무를 심으려고 합니다. 산책로의 처음부터 끝까지 나무를 심는다면 나무는 모두 몇 그루가 필요합니까? (단, 나무의 두께는 생각하지 않습니다.)

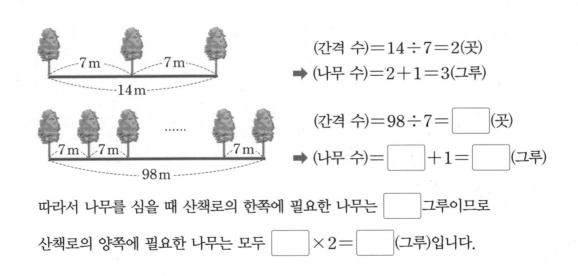

(간격 수)=14÷7=2(곳)
➡ (나무 수)=2+1=3(그루)

(간격 수)=98÷7=☐(곳)
➡ (나무 수)=☐+1=☐(그루)

따라서 나무를 심을 때 산책로의 한쪽에 필요한 나무는 ☐그루이므로

산책로의 양쪽에 필요한 나무는 모두 ☐×2=☐(그루)입니다.

7-1 둘레의 길이가 $80\,m$인 원 모양의 호수 둘레에 $5\,m$ 간격으로 가로등을 세우려고 합니다. 가로등은 모두 몇 개 필요합니까? (단, 가로등의 두께는 생각하지 않습니다.)

( )

7-2 길이가 $351\,m$로 곧게 뻗은 도로의 양쪽에 $9\,m$ 간격으로 안내판을 세우려고 합니다. 도로의 처음부터 끝까지 안내판을 세운다면 안내판은 모두 몇 개가 필요합니까? (단, 안내판의 두께는 생각하지 않습니다.)

( )

7-3 ㉠ 지점에서 ㉡ 지점까지 가는 길의 양쪽에 처음부터 끝까지 일정한 간격으로 의자가 20개 놓여 있습니다. ㉠ 지점과 ㉡ 지점 사이의 거리가 $270\,m$라면 의자 사이의 간격은 몇 m입니까? (단, 의자의 두께는 생각하지 않습니다.)

( )

7-4 둘레의 길이가 $300\,m$인 원 모양의 목장 둘레에 나무 5그루를 일정한 간격으로 심은 다음, 나무와 나무 사이에 말뚝을 $3\,m$ 간격으로 박으려고 합니다. 나무를 심은 곳에는 말뚝을 박지 않는다면 말뚝은 모두 몇 개 필요합니까? (단, 나무와 말뚝의 두께는 생각하지 않습니다.)

( )

도형의 둘레는 그 모양의 변의 개수로 알 수 있다.

왼쪽 정사각형을 이어 붙여 오른쪽과 같은 도형을 만들면

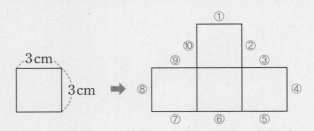

오른쪽 도형은 3 cm인 변 10개로 둘러싸여 있습니다.

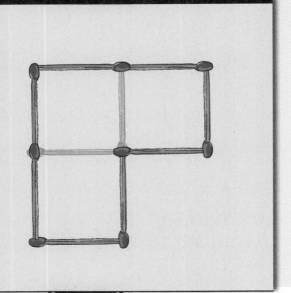

대표문제 8

크기가 같은 정사각형 6개와 변의 길이가 모두 같은 삼각형 6개를 겹치지 않게 이어 붙여서 만든 도형입니다. 정사각형의 한 변의 길이는 16 cm이고 두 도형에서 굵은 선의 길이가 서로 같을 때 ■의 값을 구하시오.

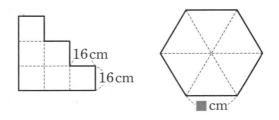

왼쪽 도형에서 굵은 선의 길이는 16 cm인 변 ☐ 개의 길이와 같으므로

$16 \times$ ☐ $=$ ☐ (cm)입니다.

오른쪽 도형에서 굵은 선의 길이는 ■cm인 변 ☐ 개의 길이와 같고 왼쪽 도형의 굵은 선의

길이가 ☐ cm이므로 ■ $\times$ ☐ $=$ ☐ (cm)입니다.

➡ ■ $=$ ☐ $\div$ ☐

　　■ $=$ ☐

8-1 왼쪽 도형은 정사각형이고 오른쪽 도형은 세 변의 길이가 같은 삼각형입니다. 두 도형의 둘레의 길이가 서로 같을 때 삼각형의 한 변의 길이는 몇 cm입니까?

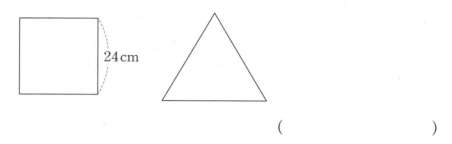

(   )

8-2 왼쪽 도형은 크기가 같은 정사각형 5개를 겹치지 않게 이어 붙여서 만든 도형이고, 오른쪽 오각형은 모든 변의 길이가 같습니다. 두 도형의 둘레의 길이가 서로 같을 때 오각형의 한 변의 길이는 몇 cm입니까?

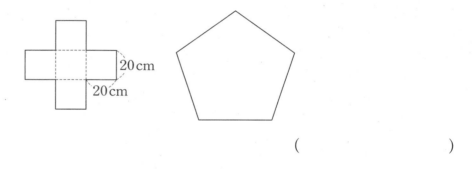

(   )

8-3 설아는 길이가 117 cm인 철사를 모두 사용하여 왼쪽과 같은 모양을 만들었고 희재는 길이가 112 cm인 철사를 모두 사용하여 오른쪽과 같은 모양을 만들었습니다. ■+▲의 값을 구하시오.

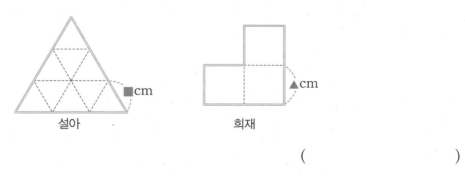

(   )

문제풀이 동영상

1 수 카드 2, 4, 9 를 모두 한 번씩 사용하여 (몇십몇)÷(몇)의 나눗셈식을 만들어 계산하려고 합니다. 나누어떨어지는 나눗셈식은 모두 몇 개 만들 수 있습니까?

( )

2 귤을 소라는 54개, 동생은 42개 땄습니다. 두 사람이 딴 귤을 8봉지에 똑같이 나누어 담은 다음 그중 한 봉지를 똑같이 나누어 먹었습니다. 소라가 먹은 귤은 몇 개입니까?

( )

3 오른쪽 도형은 네 변의 길이의 합이 528 cm인 정사각형을 크기와 모양이 같은 직사각형 6개로 나눈 것입니다. 작은 직사각형의 짧은 변의 길이는 몇 cm입니까?

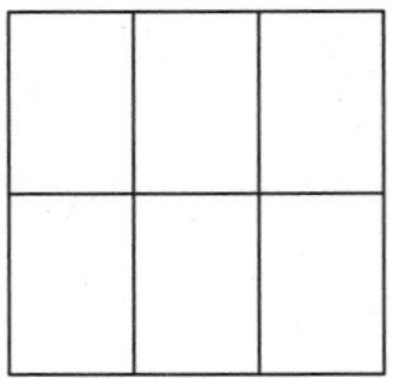

( )

4 길이가 25 cm인 색 테이프 10장을 일정한 길이만큼 겹쳐서 한 줄로 이어 붙였더니 전체 길이가 160 cm가 되었습니다. 색 테이프를 몇 cm씩 겹쳐서 이어 붙였습니까?

( )

5 세 어린이가 카드에 적힌 수를 보고 설명한 것입니다. 카드에 적힌 수를 구하시오.

지은
60보다 크고 80보다 작은 수입니다.

현아
이 수를 6으로 나누면 나누어떨어집니다.

수빈
이 수를 7로 나누면 나머지가 1이 됩니다.

(   )

6 새롬이와 영진이는 5주 동안 종이배를 980개 접었습니다. 두 사람이 하루에 접은 종이배의 수는 일정하고 서로 같다면 새롬이가 하루에 접은 종이배는 몇 개입니까?

(   )

7 오른쪽 그림과 같이 직사각형 모양의 땅에 말뚝을 박아 울타리를 만들려고 합니다. 말뚝 사이의 간격을 3 m로 한다면 울타리를 만드는 데 필요한 말뚝은 모두 몇 개입니까? (단, 땅의 꼭짓점 부분에는 반드시 말뚝을 박습니다.)

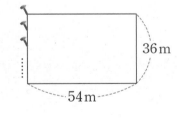

36 m

54 m

(   )

8 다음 두 식을 모두 만족하는 ●, ▲의 값을 각각 구하시오. (단, 같은 모양은 같은 수를 나타냅니다.)

$$●×▲=175 \qquad ●÷▲=7$$

● (   ), ▲ (   )

9 노란 구슬 3개의 무게는 39 g이고, 노란 구슬 4개와 파란 구슬 3개의 무게는 97 g입니다. 파란 구슬 한 개의 무게는 몇 g입니까? (단, 같은 색깔의 구슬은 무게가 서로 같습니다.)

( )

10 장난감을 ㉮ 기계는 2분 동안 30개를 만들고 ㉯ 기계는 4분 동안 48개를 만듭니다. 두 기계를 동시에 켜서 장난감을 만들기 시작하여 ㉮ 기계가 ㉯ 기계보다 장난감을 90개 더 많이 만들었을 때 두 기계를 동시에 껐습니다. 두 기계가 동시에 켜져 있던 시간은 몇 분 입니까?

( )

11 현서네 학교 3학년 학생을 5명씩 모둠을 만들면 3명이 남습니다. 이 학생들을 다시 8명 씩 모둠을 만들면 남는 학생이 없습니다. 현서네 학교 3학년 학생이 100명보다 많고 130명보다 적을 때 이 학생들을 9명씩 모둠을 만들면 몇 명이 남겠습니까?

( )

3

원

1 원의 중심과 반지름, 지름, 원의 성질

• 점이 모여 선이 됩니다.
• 원은 평면 위의 한 점에서 일정한 거리에 있는 점들로 이루어진 곡선입니다.

원의 중심과 반지름, 지름

(1) 원의 중심: 원을 그릴 때 누름 못이 꽂혔던 점 ㅇ

(2) 원의 반지름: 원의 중심 ㅇ과 원 위의 한 점을 이은 선분

(3) 원의 지름: 원 위의 두 점을 이은 선분 중 원의 중심 ㅇ을 지나는 선분

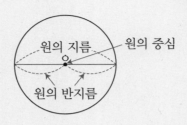

원의 성질

(1) 한 원에서 반지름과 지름은 무수히 많이 그을 수 있습니다.

(2) 한 원에서 반지름과 지름의 길이는 각각 모두 같습니다.

(3) 지름은 원을 둘로 똑같이 나누는 선분으로 원 안에 그을 수 있는 가장 긴 선분입니다.

(4) 원의 지름의 길이는 반지름의 길이의 2배입니다.

6-1 연계

● 원의 둘레를 원둘레 또는 원주라고 합니다.

● 원의 크기와 관계없이 지름에 대한 원주의 비는 일정하고, 이 비의 값을 원주율이라고 합니다.

● (원주)=(지름)×(원주율)
(원의 넓이)
=(반지름)×(반지름)×(원주율)

---

1 원의 지름과 반지름을 나타내는 선분을 모두 찾아 쓰시오.

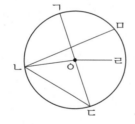

지름 (   )
반지름 (   )

2 원에서 설명하는 것이 다른 하나를 찾아 기호를 쓰시오.

> ㉠ 원을 둘로 똑같이 나누는 선분입니다.
> ㉡ 원 안에 그을 수 있는 가장 긴 선분입니다.
> ㉢ 원의 중심과 원 위의 한 점을 이은 선분입니다.
> ㉣ 원의 중심을 지나는 선분입니다.

(   )

3 오른쪽 그림과 같이 정사각형 안에 가장 큰 원을 그렸습니다. 정사각형의 둘레는 몇 cm입니까?

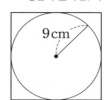

( )

BASIC CONCEPT 1-2

서로 맞닿는 원에서 중심을 이어서 만든 도형의 둘레 구하기

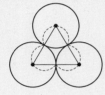

(삼각형의 둘레)＝(반지름)×6
＝(지름)×❸
＝(지름)×(원의 개수)

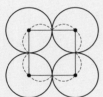 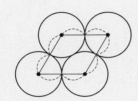

(사각형의 둘레)＝(반지름)×8
＝(지름)×❹
＝(지름)×(원의 개수)

➡ 원을 서로 맞닿게 그린 도형에서 원의 중심을 꼭짓점으로 하는 도형의 둘레는 각 원의 지름의 길이를 모두 더한 것과 같습니다.

4 오른쪽 도형은 크기가 같은 원을 서로 맞닿게 그린 것입니다. 삼각형의 둘레가 36 cm일 때 원의 지름은 몇 cm입니까?

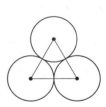

( )

5 오른쪽 도형은 크기가 다른 원을 서로 맞닿게 그린 것입니다. 큰 원의 지름이 8 cm, 작은 원의 지름이 5 cm일 때 사각형의 둘레는 몇 cm입니까? (단, 큰 원끼리, 작은 원끼리는 크기가 서로 같습니다.)

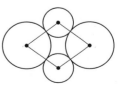

( )

2 원 그리기, 원을 이용하여 여러 가지 모양 그리기

• 원 위의 점으로부터 원의 중심까지의 거리는 모두 같습니다.

컴퍼스를 이용하여 원 그리기

① 원의 중심이 되는 점 ○을 정합니다.

② 컴퍼스를 원의 반지름만큼 벌립니다.

③ 컴퍼스의 침을 점 ○에 꽂고 원을 그립니다.

원을 이용하여 여러 가지 모양 그리기

원의 반지름은 같고
원의 중심만 변화

원의 중심은 같고
원의 반지름만 변화

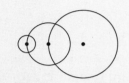

원의 중심과
원의 반지름 모두 변화

중1 연계

● **원에서의 호와 현**

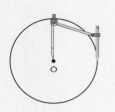

① 호 AB: 원 위의 두 점 A, B를 잡았을 때 나누어지는 원의 두 부분

② 현 CD: 원 위의 두 점 C, D 를 이은 선분

③ 부채꼴 OAB: 원 위의 두 점 A, B에 대하여 호 AB 와 반지름 OA, 반지름 OB 로 이루어진 도형

---

1 다음과 크기가 같은 원을 그리려고 합니다. 컴퍼스의 침과 연필 사이를 몇 cm만큼 벌려야 합니까?

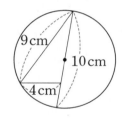

9 cm
10 cm
4 cm

(   )

2 컴퍼스를 이용하여 다음과 같은 모양을 그렸습니다. 원의 중심은 모두 몇 개입니까?

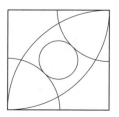

(   )

3 모눈종이에 원을 둘로 똑같이 나누는 선분의 길이가 4 cm인 원을 그려 보시오.

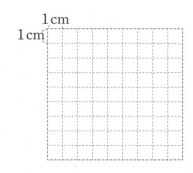

BASIC CONCEPT
2-2

다른 원의 중심을 지나는 원에서의 선분의 길이

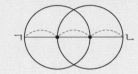

(선분 ㄱㄴ)＝(반지름)×③
　　　　　　＝(반지름)×{(원의 개수)＋1}

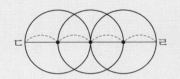

(선분 ㄷㄹ)＝(반지름)×④
　　　　　　＝(반지름)×{(원의 개수)＋1}

4 오른쪽 그림에서 네 원의 크기는 모두 같고 다른 원의 중심을 지납니다. 원의 반지름이 4 cm일 때 선분 ㄱㄴ은 몇 cm인지 알아보시오.

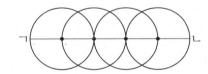

선분 ㄱㄴ의 길이는 원의 반지름의 ☐＋1＝☐(배)입니다.

➡ (선분 ㄱㄴ)＝4×☐＝☐(cm)

5 오른쪽 그림에서 세 원의 크기는 모두 같고 다른 원의 중심을 지납니다. 선분 ㄱㄴ이 28 cm일 때 원의 반지름은 몇 cm입니까?

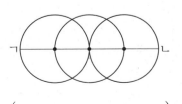

(　　　　　　)

각 원의 반지름이나 지름을 구한다.

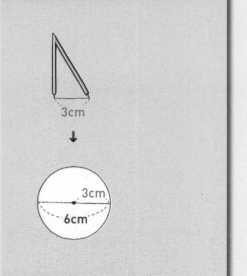

지름	• 원의 중심을 지나는 선분 • 원 안에 그을 수 있는 가장 긴 선분 • 원을 둘로 똑같이 나누는 선분 • 원을 정사각형 안에 꼭 맞게 그렸을 때 정사각형의 한 변의 길이
반지름	• 컴퍼스의 침과 연필심 사이의 거리

대표문제 1

세 어린이가 각자 원을 그린 후 원에 대해 설명한 것입니다. 가장 작은 원을 그린 어린이는 누구입니까?

> 서진: 내가 그린 원 안에 가장 긴 선분을 그었더니 그 길이가 12 cm였어.
> 예성: 나는 컴퍼스의 침과 연필심 사이를 7 cm만큼 벌려서 그렸는데.
> 지은: 내가 그린 원을 둘로 똑같이 나누는 선분의 길이는 10 cm야.

• 원 안에 그을 수 있는 선분 중 가장 긴 선분은 (반지름 , 지름)이므로 서진이가 그린 원의
  (반지름 , 지름)은 12 cm입니다.
• 컴퍼스의 침과 연필심 사이의 거리는 원의 (반지름 , 지름)이므로 예성이가 그린 원의
  (반지름 , 지름)은 7 cm입니다.

  따라서 예성이가 그린 원의 지름은 $\boxed{}\times 2=\boxed{}$ (cm)입니다.

• 원을 둘로 똑같이 나누는 선분은 원의 (반지름 , 지름)이므로 지은이가 그린 원의
  (반지름 , 지름)은 10 cm입니다.

따라서 원의 지름의 길이를 비교하면 $\boxed{}$ cm < 12 cm < $\boxed{}$ cm이므로

$\boxed{}$ 이가 그린 원이 가장 작습니다.

1-1 원에 대한 설명입니다. 알맞은 것에 ○표 하시오.

⑴ 원 위의 두 점을 이은 선분이 원의 중심을 지날 때 이 선분을 원의 (반지름 , 지름)이라고 합니다.

⑵ 한 원에서 지름의 길이는 모두 (같고 , 다르고), 반지름의 길이의 ($\frac{1}{2}$, 2)배입니다.

1-2 세 어린이가 각자 원을 그렸습니다. 큰 원을 그린 어린이부터 차례로 이름을 쓰시오.

> 민주: 한 점에서 8 cm 거리의 점들을 찍어 원을 그렸습니다.
> 성환: 한 변이 14 cm인 정사각형 안에 꼭 맞게 원을 그렸습니다.
> 유라: 원의 중심을 지나는 선분이 9 cm인 원을 그렸습니다.

(   )

1-3 오른쪽 원에 대한 설명입니다. 틀린 것을 모두 찾아 기호를 쓰시오.

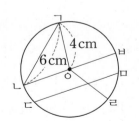

> ㉠ 원의 지름은 선분 ㄴㅂ으로 10 cm입니다.
> ㉡ 원의 반지름을 나타내는 선분은 모두 3개입니다.
> ㉢ 선분 ㄷㅁ의 길이는 4 cm보다 길고 8 cm보다 짧습니다.
> ㉣ 원을 둘로 똑같이 나누는 선분의 길이는 8 cm입니다.

(   )

한 원에서 반지름의 길이는 모두 같다.

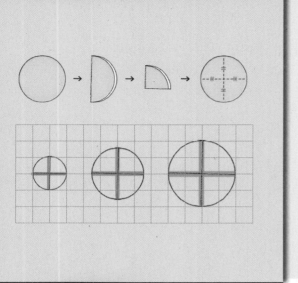

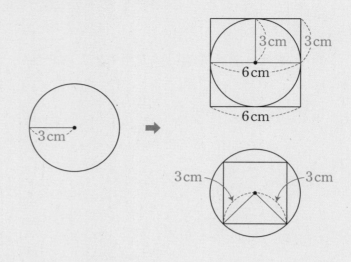

대표문제 2

원 안에 정사각형을 그린 것입니다. 정사각형 ㄱㄴㄷㄹ의 둘레가 40 cm일 때 삼각형 ㄹㄴㄷ의 둘레는 몇 cm입니까?

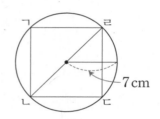

정사각형의 네 변의 길이는 모두 같고 둘레가 40 cm이므로

(변 ㄱㄴ)=(변 ㄴㄷ)=(변 ㄷㄹ)=(변 ㄹㄱ)=40÷□=□(cm)입니다.

변 ㄹㄴ은 원의 지름이므로 (변 ㄹㄴ)=7×□=□(cm)입니다.

따라서 삼각형 ㄹㄴㄷ의 둘레는

(변 ㄹㄴ)+(변 ㄴㄷ)+(변 ㄷㄹ)=□+□+□=□(cm)입니다.

2-1 오른쪽 그림에서 삼각형 ㄱㄴㄷ의 둘레는 68 cm입니다. 변 ㄱㄴ과
변 ㄱㄷ의 길이가 같을 때 변 ㄱㄴ은 몇 cm입니까?

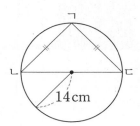

(   )

2-2 오른쪽 그림에서 삼각형 ㄱㅇㄷ의 둘레는 37 cm입니다. 선분
ㅇㄴ과 선분 ㄴㄷ의 길이가 같을 때 원의 반지름은 몇 cm입니까?

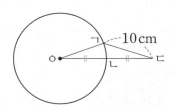

(   )

2-3 오른쪽 그림에서 직사각형 ㄱㄴㄷㄹ의 둘레는 90 cm입니다. 삼각형
ㅇㅁㅂ의 둘레는 몇 cm입니까?

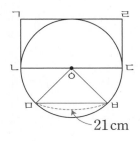

(   )

2-4 오른쪽 그림은 원 안에 직사각형을, 원 밖에 정사각형을 그린 것입니다.
직사각형의 둘레는 28 cm이고 가로는 세로보다 2 cm 더 깁니다. 선분
ㄱㅇ이 변 ㄱㄴ보다 1 cm 더 짧을 때 정사각형의 둘레는 몇 cm입니까?

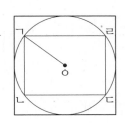

(   )

원을 이어 붙인 직사각형의 가로와 세로는 지름의 몇 배이다.

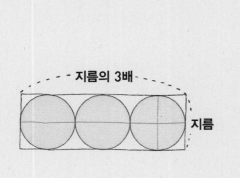

가로가 8 cm, 세로가 4 cm인 직사각형 안에
지름이 2 cm인 원을 겹치지 않게 최대한 많이 그릴 때

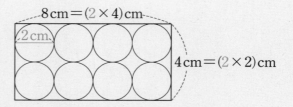

그릴 수 있는 원은 $4 \times 2 = 8$(개)입니다.

대표문제 3

오른쪽 정사각형 안에 반지름이 1 cm인 원을 겹치지 않게 최대한 많이 그리려고 합니다. 원을 몇 개까지 그릴 수 있습니까?

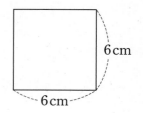

그리려는 원의 지름은 $1 \times \boxed{} = \boxed{}$ (cm)입니다.

정사각형의 가로와 세로에 각각 $6 \div \boxed{} = \boxed{}$ (개)씩 그릴 수

있으므로 원을 $\boxed{} \times \boxed{} = \boxed{}$ (개)까지 그릴 수 있습니다.

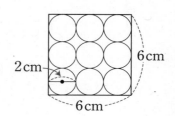

3-1 오른쪽 그림은 직사각형 안에 지름이 3 cm인 원을 겹치지 않게 그린 것입니다. 직사각형의 가로와 세로는 각각 몇 cm입니까?

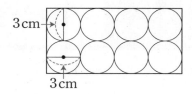

가로 (   )

세로 (   )

3-2 오른쪽 직사각형 안에 반지름이 2 cm인 원을 겹치지 않게 최대한 많이 그리려고 합니다. 원을 몇 개까지 그릴 수 있습니까?

(   )

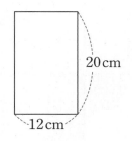

3-3 오른쪽 그림은 직사각형 안에 반지름이 각각 6 cm, 3 cm인 원을 서로 맞닿게 그린 것입니다. 이 직사각형 안에 지름이 4 cm인 원을 겹치지 않게 몇 개까지 그릴 수 있습니까? (단, 각 원의 중심들은 일직선 위에 있습니다.)

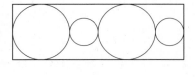

(   )

3-4 다연이는 정사각형 안에 반지름이 3 cm인 원을 겹치지 않게 최대한 많이 그렸습니다. 다연이가 그린 원이 25개이고 정사각형의 각 변에 원이 맞닿았다면 이 정사각형 안에 그릴 수 있는 가장 큰 원의 지름은 몇 cm입니까?

(   )

지름은 반지름의 2배이다.

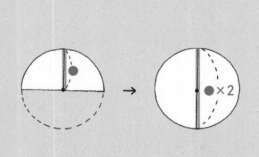

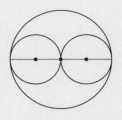

큰 원의 지름이 20 cm이면
작은 원의 지름은 20÷2=10(cm)

대표문제 4 오른쪽 그림에서 가장 큰 원의 지름이 40 cm일 때 가장 작은 원의 반지름은 몇 cm입니까?

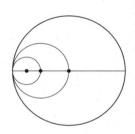

(가장 큰 원의 반지름)=40÷2=☐(cm)

(중간 원의 지름)=(가장 큰 원의 반지름)=☐cm

(중간 원의 반지름)=☐÷2=☐(cm)

(가장 작은 원의 지름)=(중간 원의 반지름)=☐cm

(가장 작은 원의 반지름)=☐÷2=☐(cm)

4-1 오른쪽 그림에서 작은 두 원의 크기는 같습니다. 작은 원의 반지름이 7 cm 일 때 큰 원의 지름은 몇 cm입니까?

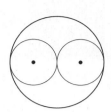

(   )

4-2 오른쪽 그림에서 세 원의 중심은 일직선 위에 있습니다. 가장 작은 원 의 반지름이 3 cm일 때 선분 ㄱㄴ은 몇 cm입니까?

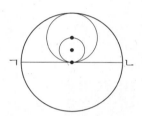

(   )

4-3 오른쪽 그림에서 두 원의 중심은 일직선 위에 있습니다. 정사각형의 둘레가 80 cm일 때, 작은 원의 반지름은 몇 cm입니까?

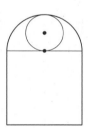

(   )

4-4 오른쪽 그림에서 점들은 모두 반원의 중심입니다. 선분 ㄱㄷ이 24 cm일 때 가장 큰 반원의 지름은 몇 cm입니까?

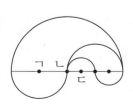

(   )

도형의 둘레는 원의 반지름인 부분과 아닌 부분의 합이다.

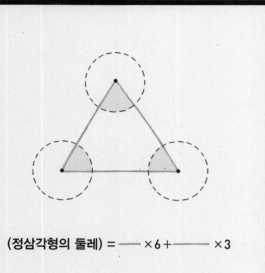

(정삼각형의 둘레) = ＿＿＿ ×6 + ＿＿＿ ×3

정사각형의 각 꼭짓점을 중심으로 반지름이 2 cm인
원의 일부를 그려 색칠했을 때

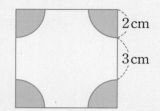

2 cm
3 cm

정사각형의 둘레는 $(2 \times 8) + (3 \times 4) = 28$(cm)

오른쪽 그림은 둘레가 32 cm인 정사각형의 각 꼭짓점을 중심으로 크기
가 같은 원의 일부를 그려 색칠한 것입니다. 원의 반지름은 몇 cm입니
까?

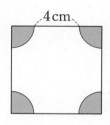

4 cm

정사각형은 네 변의 길이가 모두 같으므로

(정사각형의 한 변) = 32 ÷ ☐ = ☐ (cm)입니다.

원의 반지름을 ■ cm라고 하면 정사각형의 한 변이 ☐ cm이므로

■ + 4 + ■ = ☐ , ■ + ■ = ☐ , ■ = ☐ (cm)입니다.

따라서 원의 반지름은 ☐ cm입니다.

5-1 오른쪽 그림은 둘레가 40 cm인 정사각형의 각 꼭짓점을 중심으로 크기가 같은 원의 일부를 그려 색칠한 것입니다. 원의 반지름은 몇 cm입니까?

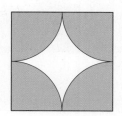

(   )

5-2 오른쪽 그림은 세 변의 길이가 같은 삼각형의 각 꼭짓점을 중심으로 크기가 같은 원의 일부를 그려 색칠한 것입니다. 삼각형의 둘레가 69 cm일 때 원의 지름은 몇 cm입니까?

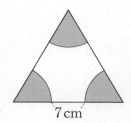

(   )

5-3 오른쪽 그림은 둘레가 56 cm인 직사각형의 각 꼭짓점을 중심으로 크기가 같은 원의 일부를 그려 색칠한 것입니다. 원의 반지름은 몇 cm입니까?

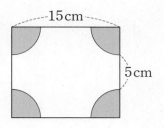

(   )

5-4 오른쪽 그림은 다섯 변의 길이가 모두 같은 오각형의 각 꼭짓점을 중심으로 크기가 각각 같은 큰 원과 작은 원의 일부를 그려 색칠한 것입니다. 오각형의 둘레가 90 cm이고 큰 원의 반지름이 작은 원의 반지름의 2배일 때 ㉠은 몇 cm입니까?

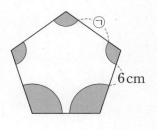

(   )

원의 중심에서 원 위의 점 사이의 거리는 같다.

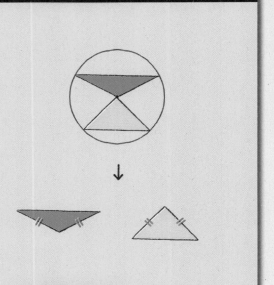

크기가 같은 두 원이 서로 다른 원의 중심을 지날 때 오른쪽 그림과 같이 세 점을 이어 만든 도형은 변이 모두 원의 반지름으로 같은 삼각형이 됩니다.

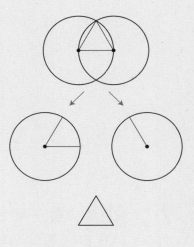

대표문제 6

오른쪽 그림에서 두 원은 크기가 같고 서로 다른 원의 중심을 지납니다. 색칠한 사각형의 둘레가 28 cm일 때 선분 ㄱㄴ은 몇 cm입니까?

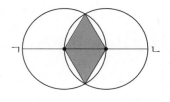

색칠한 사각형의 네 변은 모두 원의 반지름으로 길이가 같으므로

(사각형의 한 변)=28÷◻=◻(cm)입니다.

선분 ㄱㄴ의 길이는 원의 반지름의 ◻배이므로

(선분 ㄱㄴ)=◻×◻=◻(cm)입니다.

6-1 오른쪽 그림에서 두 원은 크기가 같고 서로 다른 원의 중심을 지납니다. 원의 지름이 30 cm일 때 색칠한 삼각형의 둘레는 몇 cm입니까?

( )

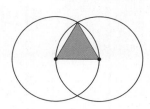

6-2 오른쪽 그림에서 큰 원의 지름은 작은 원의 지름의 2배입니다. 색칠한 사각형의 둘레가 42 cm일 때 큰 원의 지름은 몇 cm입니까?

( )

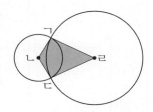

6-3 오른쪽 그림에서 두 원은 크기가 같고 서로 다른 원의 중심을 지납니다. 색칠한 삼각형의 둘레가 21 cm일 때 직사각형의 가로와 세로의 합은 몇 cm입니까?

( )

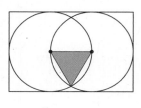

6-4 오른쪽 그림에서 작은 두 원의 크기는 같고 세 원의 중심은 일직선 위에 있습니다. 삼각형 ㄱㄴㄷ의 둘레가 102 cm, 색칠한 사각형의 둘레가 56 cm이고, 선분 ㄱㄴ과 선분 ㄱㄷ의 길이가 같을 때 선분 ㄱㄴ은 몇 cm입니까?

( )

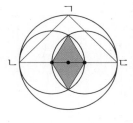

원의 중심을 이어 만든 도형의 변은 반지름의 합이다.

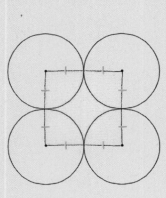

(사각형의 둘레) = (반지름)×8

세 원의 반지름을 각각 ㉠ cm, ㉡ cm, ㉢ cm라고 하면

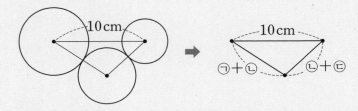

삼각형의 둘레는 10+(㉠+㉡)+(㉡+㉢)(cm)입니다.

대표문제 7

오른쪽 그림에서 삼각형 ㄱㄴㄷ의 둘레가 44 cm일 때 세 원의 반지름의 합은 몇 cm입니까?

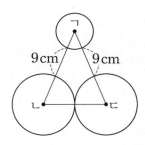

점 ㄱ이 중심인 원의 반지름을 ■cm, 점 ㄴ이 중심인 원의 반지름을 ▲cm, 점 ㄷ이 중심인 원의 반지름을 ●cm라고 하면 삼각형 ㄱㄴㄷ의 둘레가 44 cm이므로

■+9+▲+▲+●+●+9+■= ☐

(■+▲+●)×2+18= ☐

(■+▲+●)×2= ☐

■+▲+●= ☐ ÷2= ☐ (cm)

따라서 세 원의 반지름의 합은 ☐ cm입니다.

7-1 오른쪽 그림은 크기가 같은 두 원과 작은 원을 서로 맞닿게 그린 것입니다. 큰 원의 반지름이 6 cm이고 작은 원의 지름이 큰 원의 반지름과 같을 때 삼각형 ㄱㄴㄷ의 둘레는 몇 cm입니까?

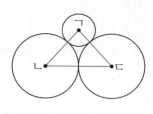

(   )

7-2 오른쪽 그림에서 삼각형 ㄱㄴㄷ의 둘레가 34 cm일 때 세 원의 반지름의 합은 몇 cm입니까?

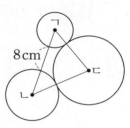

(   )

7-3 오른쪽 그림에서 삼각형 ㄱㄴㄹ의 둘레는 45 cm이고 삼각형 ㄴㄷㄹ의 둘레는 35 cm입니다. 점 ㄱ을 중심으로 하는 원과 점 ㄷ을 중심으로 하는 원의 반지름의 차는 몇 cm입니까?

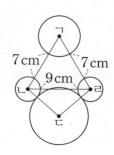

(   )

겹쳐진 원의 중심을 지나는 선분의 길이는 반지름의 몇 배이다.

반지름이 2 cm인 원 5개를 원의 중심을 지나도록 그리면

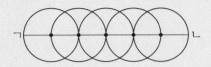

선분 ㄱㄴ의 길이는 반지름 6개의 길이와 같습니다.

➡ (선분 ㄱㄴ)＝2×6＝12(cm)

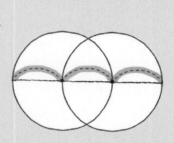

(선분의 길이) ＝ 반지름의 3배

8 대표문제

반지름이 5 cm인 원 21개를 다른 원의 중심을 지나도록 그린 것입니다. 선분 ㄱㄴ은 몇 cm입니까?

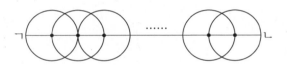

  원을 1개 그리면 (선분 ㄱㄴ)＝(반지름)× ☐
                                                    └ 1+1

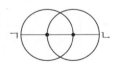 원을 2개 그리면 (선분 ㄱㄴ)＝(반지름)× ☐
                                                    └ 2+1

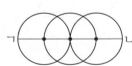 원을 3개 그리면 (선분 ㄱㄴ)＝(반지름)× ☐
                                                    └ 3+1

따라서 원을 21개 그리면 선분 ㄱㄴ의 길이는 반지름의 ☐ 배이므로

(선분 ㄱㄴ)＝5× ☐ ＝ ☐ (cm)입니다.

8-1 반지름이 11 cm인 원 6개를 다른 원의 중심을 지나도록 그린 것입니다. 선분 ㄱㄴ은 몇 cm 입니까?

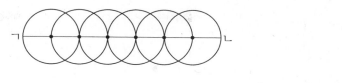

(   )

8-2 크기가 같은 원 25개를 다른 원의 중심을 지나도록 그린 것입니다. 선분 ㄱㄴ이 52 cm일 때 원의 반지름은 몇 cm입니까?

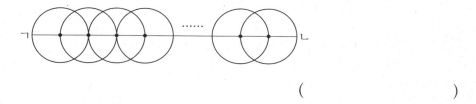

(   )

8-3 지름이 8 cm인 원을 다른 원의 중심을 지나도록 그린 것입니다. 선분 ㄱㄴ이 76 cm일 때 원을 몇 개 그렸습니까?

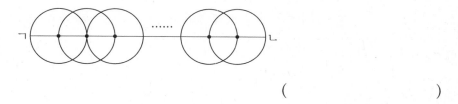

(   )

8-4 직사각형 안에 크기가 같은 원 12개를 다른 원의 중심을 지나도록 그린 것입니다. 직사각형의 둘레가 90 cm일 때 원의 지름은 몇 cm입니까?

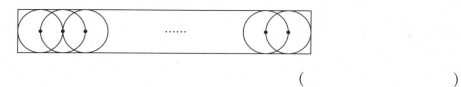

(   )

MATH MASTER

1 오른쪽 그림은 컴퍼스의 침을 고정시키고 크기가 다른 원을 그린 것입니다. 세 원의 지름이 각각 $2\,cm$, $6\,cm$, $8\,cm$일 때 ㉠과 ㉡의 길이는 각각 몇 cm입니까?

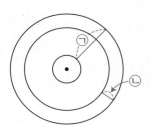

㉠ (   )

㉡ (   )

2 오른쪽 그림에서 찾을 수 있는 원의 중심은 모두 몇 개입니까?

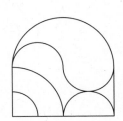

(   )

3 컴퍼스로 오른쪽 모양과 같이 큰 원 안에 크기가 같은 작은 원 4개를 서로 맞닿게 그리려고 합니다. 큰 원의 지름이 $24\,cm$일 때 작은 원을 그리려면 컴퍼스의 침과 연필 사이를 몇 cm만큼 벌려야 합니까?

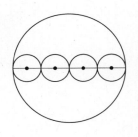

(   )

4 오른쪽 그림은 지름이 각각 $14\,cm$, $18\,cm$인 두 원을 서로 겹치게 그린 것입니다. 선분 ㄴㄷ이 $4\,cm$일 때 선분 ㄱㄹ은 몇 cm입니까?

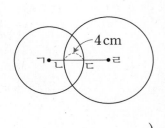

(   )

5 오른쪽 그림은 크기가 같은 원 5개를 서로 맞닿게 그린 것입니다. 사각형 ㄱㄴㄷㄹ의 둘레가 50 cm일 때 원의 지름은 몇 cm입니까?

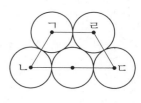

(   )

6 오른쪽 그림은 직사각형 안에 큰 원과 크기가 같은 작은 원 2개를 서로 맞닿게 그린 것입니다. 작은 원의 반지름은 몇 cm입니까? (단, 세 원의 중심들은 일직선 위에 있습니다.)

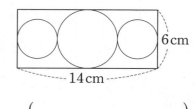

(   )

7 오른쪽 그림에서 세 원의 크기는 같습니다. 선분 ㄱㄴ이 30 cm일 때 색칠한 사각형의 둘레는 몇 cm입니까?

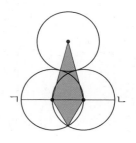

(   )

8 정재는 모양과 크기가 같은 색종이 두 장에 크기가 같은 원을 그리려고 합니다. 색종이 한 장에는 오른쪽 그림과 같이 원을 그렸고, 다른 한 장에는 반지름이 1 cm인 원을 겹치지 않게 그리려고 합니다. 반지름이 1 cm인 원을 몇 개까지 그릴 수 있습니까?

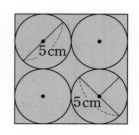

(   )

9 오른쪽 그림에서 세 원의 크기는 모두 같습니다. 색칠한 삼각형의 둘레가 36 cm일 때 ㉠의 길이는 몇 cm입니까? (단, 색칠한 삼각형은 두 변의 길이가 같습니다.)

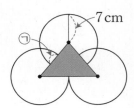

(   )

10 직사각형 안에 크기가 같은 원을 다른 원의 중심을 지나도록 그린 것입니다. 직사각형의 둘레가 100 cm일 때 원을 몇 개 그렸습니까?

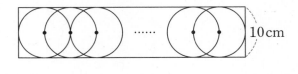

(   )

11 오른쪽 그림은 정사각형의 네 꼭짓점 중 세 꼭짓점을 각각 중심으로 하는 원의 일부를 그린 것입니다. 가장 큰 원의 지름이 36 cm일 때 정사각형의 한 변은 몇 cm입니까?

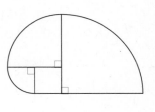

(   )

4

분수

분수로 나타내기, 분수만큼은 얼마인지 알아보기

• 전체 양을 1이라고 할 때 부분의 양을 분수로 나타낼 수 있습니다.

분수로 나타내기

① 딸기 6개를 2개씩 묶으면 2는 6의 $\frac{1}{3}$입니다.

② 딸기 6개를 3개씩 묶으면 3은 6의 $\frac{1}{2}$입니다.

1 그림을 보고 □ 안에 알맞은 수를 써넣으시오.

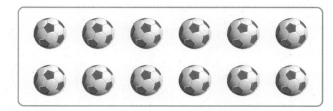

(1) 전체를 똑같이 6씩 묶으면 6은 12의 $\dfrac{\square}{\square}$입니다.

(2) 전체를 똑같이 4씩 묶으면 4는 12의 $\dfrac{\square}{\square}$입니다.

(3) 전체를 똑같이 3씩 묶으면 9는 12의 $\dfrac{\square}{\square}$입니다.

2 쿠키 32개를 한 접시에 4개씩 놓았습니다. 세 접시에 놓인 쿠키는 전체 쿠키의 몇 분의 몇입니까?

( )

전체에 대한 분수만큼은 얼마인지 알아보기

① 10의 $\frac{1}{2}$은 5입니다.

② 10의 $\frac{1}{5}$은 2입니다.

3 길이가 14 m인 리본의 $\frac{4}{7}$는 선물상자를 포장하는 데 사용했습니다. 선물상자를 포장하는 데 사용한 리본은 몇 m인지 구하고 색칠하시오.

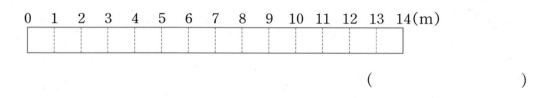

(   )

4 다음 중 가장 작은 수는 어느 것입니까? (   )

① 49의 $\frac{2}{7}$ ② 26의 $\frac{1}{2}$ ③ 35의 $\frac{3}{5}$

④ 81의 $\frac{4}{9}$ ⑤ 64의 $\frac{5}{8}$

전체의 수 구하기

★의 $\frac{1}{6}$이 5일 때, ★에 알맞은 수는

★을 똑같이 6으로 나눈 것 중의 1이 5이므로 ★$=6\times5=30$입니다.

5 □ 안에 알맞은 수를 구하시오.

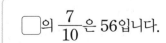

□의 $\frac{7}{10}$은 56입니다.

(   )

2 여러 가지 분수 알아보기, 분수의 크기 비교하기

- 분수는 나눗셈을 수로 나타낸 것입니다.
- '나누기를 한 것 중의 몇'이 분수의 크기입니다.

여러 가지 분수 알아보기

진분수: $\dfrac{1}{2}$, $\dfrac{1}{3}$, $\dfrac{2}{3}$와 같이 분자가 분모보다 작은 분수

가분수: $\dfrac{3}{2}$, $\dfrac{3}{3}$, $\dfrac{4}{3}$와 같이 분자가 분모와 같거나 분모보다 큰 분수
　　　└ $\dfrac{3}{3}$은 1과 같습니다. 1, 2, 3과 같은 수를 자연수라고 합니다.

대분수: $1\dfrac{2}{3}$와 같이 자연수와 진분수로 이루어진 분수
　　　└ $1\dfrac{2}{3}$는 1과 3분의 2라고 읽습니다.

1 가분수가 아닌 것을 찾아 쓰시오.

$$\frac{9}{2} \qquad \frac{4}{5} \qquad \frac{8}{7} \qquad \frac{10}{9} \qquad \frac{21}{13}$$

(　　　　　　　　　)

2 분모가 6인 진분수는 모두 몇 개입니까?

(　　　　　　　　　)

대분수를 가분수로, 가분수를 대분수로 나타내기

- 대분수를 가분수로 나타내기

$$\bigstar\dfrac{\bullet}{\blacksquare}=\dfrac{\bigstar\times\blacksquare+\bullet}{\blacksquare}$$

- 가분수를 대분수로 나타내기

3 대분수는 가분수로, 가분수는 대분수로 나타내어 보시오.

(1) $1\dfrac{1}{4}=\dfrac{\square}{\square}$
　　　　　　　　　　　　　　　(2) $\dfrac{41}{9}=\square\dfrac{\square}{\square}$

수 카드로 대분수 만들기

수 카드 2, 5, 9로 대분수를 만드는 방법

· 가장 큰 대분수	· 가장 작은 대분수
① 자연수 부분에 가장 큰 수를 놓습니다.	① 자연수 부분에 가장 작은 수를 놓습니다.
② 두 번째로 큰 수와 세 번째로 큰 수로 진분수를 만듭니다.	② 두 번째로 작은 수와 세 번째로 작은 수로 진분수를 만듭니다.
➡ $9\dfrac{2}{5}$	➡ $2\dfrac{5}{9}$

4 수 카드 2, 3, 7 중에서 2장을 골라 분모가 8인 가장 큰 대분수를 만들고 가분수로 나타내어 보시오.

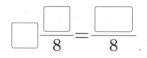

$$\boxed{}\dfrac{\boxed{}}{8}=\dfrac{\boxed{}}{8}$$

분자가 같고 분모가 다른 분수의 크기 비교

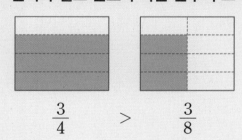

$$\dfrac{3}{4} \quad > \quad \dfrac{3}{8}$$

분자가 같고 분모가 다른 분수는 분모가 작을수록 큰 수입니다.

5 분수의 크기를 비교하여 작은 분수부터 차례로 쓰시오.

$$\dfrac{8}{11} \qquad \dfrac{8}{25} \qquad \dfrac{8}{17}$$

(   )

진분수만큼의 양은 1보다 적다.

$\dfrac{7}{3}=2\dfrac{1}{3}$이므로 길이가 $\dfrac{7}{3}$ m인 막대를 1 m씩 자르면

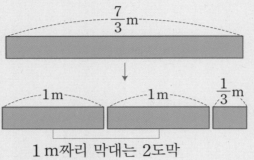

1 m짜리 막대는 2도막

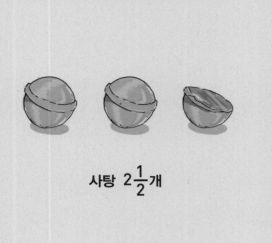

사탕 $2\dfrac{1}{2}$개

대표문제 1 지수가 주말 농장에서 딴 딸기의 무게를 재었더니 $\dfrac{187}{20}$ kg이었습니다. 이 딸기를 한 상자에 2 kg씩 담아 판매하려고 합니다. 모두 몇 상자를 판매할 수 있습니까?

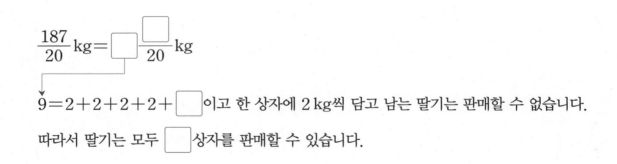

$\dfrac{187}{20}$ kg $=\boxed{}\dfrac{\boxed{}}{20}$ kg

$9=2+2+2+2+\boxed{}$ 이고 한 상자에 2 kg씩 담고 남는 딸기는 판매할 수 없습니다.

따라서 딸기는 모두 $\boxed{}$ 상자를 판매할 수 있습니다.

1-1 밀가루가 $\dfrac{54}{7}$ 컵 있습니다. 부침개 한 개를 만드는 데 밀가루 한 컵이 필요하다면 부침개를 모두 몇 개 만들 수 있습니까?

( )

1-2 콩을 봉지에 담으려고 합니다. 한 봉지에 $1\,\mathrm{kg}$씩 담을 수 있을 때 콩 $\dfrac{184}{17}\,\mathrm{kg}$을 모두 봉지에 담으려면 봉지는 적어도 몇 개가 필요합니까?

( )

1-3 현수가 $\dfrac{37}{12}$ 시간 동안 공부를 하는데 30분마다 쉬려고 합니다. 현수는 몇 번 쉬어야 합니까?

( )

1-4 버스 요금이 다음과 같을 때 어떤 사람이 버스를 타고 $\dfrac{439}{25}\,\mathrm{km}$를 간 곳에서 내렸다면 내야 할 버스 요금은 얼마입니까?

거리	버스 요금
기본 구간(10 km까지)	1250원
10 km~50 km	5 km까지마다 100원 추가 예 10 km~15 km: 1350원

( )

어떤 수의 분수만큼은 분모로 나눈 것에 분자를 곱한 값이다.

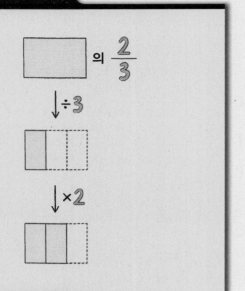

전체 길이가 24 cm일 때

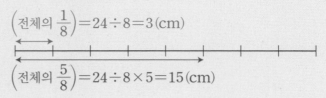

$\left(\text{전체의 } \dfrac{1}{8}\right) = 24 \div 8 = 3\,(\text{cm})$

$\left(\text{전체의 } \dfrac{5}{8}\right) = 24 \div 8 \times 5 = 15\,(\text{cm})$

대표문제 2

길이가 30 m인 리본을 세영, 진수, 태민이가 선물을 포장하는 데 필요한 만큼 잘랐습니다. 세영이는 전체의 $\dfrac{1}{6}$만큼, 진수는 전체의 $\dfrac{4}{15}$만큼, 태민이는 전체의 $\dfrac{3}{10}$만큼 잘랐습니다. 자른 리본의 길이가 가장 긴 사람은 누구입니까?

세영이가 자른 리본의 길이는 30 m의 $\dfrac{1}{6}$이므로 □ m입니다.

진수가 자른 리본의 길이는 30 m의 $\dfrac{4}{15}$이므로 □ ÷ 15 × □ = □ (m)입니다.

태민이가 자른 리본의 길이는 30 m의 $\dfrac{3}{10}$이므로 30 ÷ □ × □ = □ (m)입니다.

□ < □ < □ 이므로 자른 리본의 길이가 가장 긴 사람은 □ 입니다.

2-1 밤 90개를 연우, 지희, 민규가 나누어 가지려고 합니다. 연우는 전체의 $\frac{1}{5}$만큼, 지희는 전체의 $\frac{3}{10}$만큼, 민규는 전체의 $\frac{2}{9}$만큼을 가진다면 밤을 가장 적게 가지게 되는 사람은 누구입니까?

(   )

2-2 빨간색 색종이가 37장, 노란색 색종이가 26장 있습니다. 종이학을 접는 데 전체의 $\frac{4}{9}$만큼을, 종이비행기를 접는 데 전체의 $\frac{3}{7}$만큼을 사용하고 나머지는 종이배를 접는 데 사용했습니다. 색종이를 많이 사용한 것부터 차례로 쓰시오.

(   )

2-3 귤 85개 중에서 13개가 상해서 버리고 남은 귤을 수진, 도훈, 성희가 나누어 먹었습니다. 수진이는 전체의 $\frac{1}{4}$만큼, 도훈이는 전체의 $\frac{2}{9}$만큼, 성희는 전체의 $\frac{3}{8}$만큼을 먹었다면 귤을 가장 많이 먹은 사람은 가장 적게 먹은 사람보다 몇 개 더 많이 먹었습니까?

(   )

2-4 다빈이네 반 학생 27명 중에서 반려동물을 키우고 있는 학생은 전체의 $\frac{7}{9}$입니다. 이 중 강아지를 키우고 있는 학생은 $\frac{3}{7}$이고, 고양이를 키우고 있는 학생은 $\frac{1}{3}$입니다. 강아지와 고양이 중 어느 반려동물을 키우는 학생이 몇 명 더 많습니까? (단, 강아지와 고양이 둘 다 키우는 학생은 없습니다.)

(   ),(   )

분수의 종류를 같게 해야 크기를 비교할 수 있다.

기준이 같아야 키를 정확히 비교할 수 있어.

$$\frac{36}{5} < \square\frac{2}{5} < \frac{48}{5}$$

$$7\frac{1}{5} < \square\frac{2}{5} < 9\frac{3}{5}$$

➡ $7\frac{1}{5} < 7\frac{2}{5} < 8\frac{2}{5} < 9\frac{2}{5} < 9\frac{3}{5}$이므로

□ 안에 들어갈 수 있는 수는 7, 8, 9입니다.

대표문제 3

★에 들어갈 수 있는 자연수는 모두 몇 개입니까?

$$4\frac{3}{8} < \frac{★}{8} < 5\frac{1}{8}$$

$4\frac{3}{8} = \frac{\square}{8}$이고 $5\frac{1}{8} = \frac{\square}{8}$이므로 $\frac{\square}{8} < \frac{★}{8} < \frac{\square}{8}$입니다.

따라서 ★에 들어갈 수 있는 수는 □보다 크고 □보다 작은 수이므로

□, □, □, □, □으로 모두 □개입니다.

3-1 □ 안에 들어갈 수 있는 수 중 가장 작은 자연수를 구하시오.

$$\frac{85}{18} < 4\frac{□}{18}$$

(   )

3-2 □ 안에 들어갈 수 있는 자연수를 모두 구하시오.

$$\frac{52}{11} < □\frac{5}{11} < \frac{98}{11}$$

(   )

3-3 □ 안에 들어갈 수 있는 자연수의 합을 구하시오.

$$4\frac{8}{9} < \frac{□}{9} < 5\frac{2}{9}$$

(   )

3-4 □ 안에 공통으로 들어갈 수 있는 자연수는 모두 몇 개입니까?

$$3\frac{□}{23} > \frac{81}{23} \qquad 13\frac{4}{7} > \frac{□}{7}$$

(   )

어떤 수의 $\dfrac{1}{\square}$ 의 $\blacksquare$배는 어떤 수이다.

$\square$의 $\dfrac{1}{3}$은 △

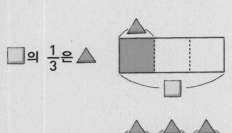

$\square$는 △×3

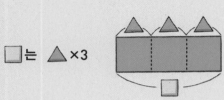

어떤 수의 $\dfrac{3}{5}$이 9이면

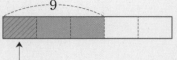

어떤 수의 $\dfrac{1}{5}$은 3입니다.

따라서 어떤 수는 3×5＝15입니다.

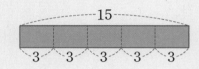

대표문제 4 다음을 만족하는 ★의 $\dfrac{1}{9}$을 구하시오.

> ★의 $\dfrac{7}{12}$은 21입니다.

$\dfrac{7}{12}=\dfrac{1}{12}$이 7개

★의 ($\dfrac{1}{12}$이 7개)만큼이 21이므로

$\div 7$ $\div 7$

★의 ($\dfrac{1}{12}$이 1개)만큼은 $\boxed{}$입니다.

★의 $\dfrac{1}{12}$이 $\boxed{}$이므로 ★은 $\boxed{}$×12＝$\boxed{}$입니다.

따라서 $\boxed{}$의 $\dfrac{1}{9}$은 $\boxed{}$÷9＝$\boxed{}$입니다.

4-1   □ 안에 알맞은 수를 구하시오.

> · 어떤 수의 $\dfrac{2}{3}$ 는 14입니다.
>
> · 어떤 수의 $\dfrac{5}{7}$ 는 □입니다.

(   )

4-2   어떤 수의 $\dfrac{11}{15}$ 은 22입니다. 어떤 수의 $1\dfrac{1}{6}$ 은 얼마입니까?

(   )

4-3   ▲에 알맞은 수를 구하시오.

> · ●의 $\dfrac{3}{7}$ 은 18입니다.
>
> · ▲의 $\dfrac{7}{8}$ 은 ●입니다.

(   )

4-4   ㉠과 ㉡의 합을 구하시오.

> · 72의 $\dfrac{7}{12}$ 은 ㉠입니다.
>
> · ㉠의 $\dfrac{㉡}{14}$ 은 27입니다.

(   )

분자가 같은 분수는 분모가 작을수록 큰 수이다.

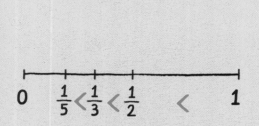

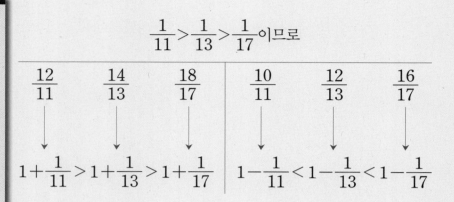

세 분수를 큰 수부터 차례로 쓰시오.

$$\frac{144}{143}, \quad \frac{353}{352}, \quad \frac{279}{278}$$

세 분수를 대분수로 고치면 $\frac{144}{143} = \boxed{}\frac{1}{143}$, $\frac{353}{352} = \boxed{}\frac{1}{352}$, $\frac{279}{278} = \boxed{}\frac{1}{278}$ 이므로

자연수 부분이 모두 같고 진분수 부분은 분자가 $\boxed{}$ 인 단위분수입니다.

단위분수는 분모가 작을수록 큰 수이므로 진분수 부분의 크기를 비교하면

$\dfrac{1}{\boxed{}} > \dfrac{1}{\boxed{}} > \dfrac{1}{\boxed{}}$ 입니다.

따라서 큰 수부터 차례로 쓰면 $\boxed{}$, $\boxed{}$, $\boxed{}$ 입니다.

5-1 세 분수를 큰 수부터 차례로 쓰시오.

$$\frac{107}{15}, \quad \frac{65}{9}, \quad \frac{79}{11}$$

(   )

5-2 가장 큰 분수를 찾아 쓰시오.

$$\frac{161}{73}, \quad \frac{217}{101}, \quad \frac{127}{56}, \quad \frac{299}{142}$$

(   )

5-3 세 분수를 큰 수부터 차례로 쓰시오.

$$\frac{539}{540}, \quad \frac{788}{789}, \quad \frac{180}{181}$$

(   )

5-4 가장 작은 분수의 분모와 분자의 차를 구하시오.

$$\frac{191}{48}, \quad \frac{335}{84}, \quad \frac{267}{67}$$

(   )

최상위

이웃하는 분수의 분자, 분모의 관계를 이용하여 규칙을 찾는다.

$$\frac{1}{2}, \frac{3}{4}, \frac{5}{6}, \frac{7}{8}, \frac{9}{10} \cdots\cdots$$

➡ ┌ 분모: 2부터 시작하여 2씩 커지는 규칙
　 └ 분자: 1부터 시작하여 2씩 커지는 규칙

50번째에 놓이는 분수는

분모가 $50 \times 2 = 100$,

분자가 $50 \times 2 - 1 = 99$이므로 $\frac{99}{100}$입니다.

대표문제 6

다음과 같은 규칙으로 분수를 늘어놓을 때, 41번째에 놓일 분수를 구하시오.

$$\frac{1}{2}, \frac{1}{3}, \frac{2}{3}, \frac{1}{4}, \frac{2}{4}, \frac{3}{4}, \frac{1}{5} \cdots\cdots$$

분모가 같은 분수끼리 묶으면 $(\frac{1}{2})$, $(\frac{1}{3}, \frac{2}{3})$, $(\frac{1}{4}, \frac{2}{4}, \frac{3}{4})$ ……이므로 각 묶음은 분자가 1씩

커지면서 진분수가 $\boxed{}$ 개씩 늘어나는 규칙입니다.

8번째 묶음까지의 분수의 개수는 $1+2+3+4+5+6+7+8 = \boxed{}$ (개)이므로 41번째

에 놓일 분수는 9번째 묶음의 $\boxed{}$ 번째 수입니다.

따라서 9번째 묶음의 $\boxed{}$ 번째 수는 분모가 $\boxed{}$ 이고 분자가 5이므로 $\dfrac{\boxed{}}{\boxed{}}$ 입니다.

6-1 다음과 같은 규칙으로 분수를 늘어놓을 때, 26번째에 놓일 분수를 구하시오.

$$\frac{2}{3},\ 1\frac{1}{3},\ \frac{6}{3},\ 2\frac{2}{3},\ \frac{10}{3}\ \cdots\cdots$$

(   )

6-2 다음과 같은 규칙으로 분수를 늘어놓을 때, 19번째에 놓일 분수를 구하시오.

$$\frac{1}{3},\ \frac{4}{7},\ \frac{7}{11},\ \frac{10}{15},\ \frac{13}{19}\ \cdots\cdots$$

(   )

6-3 다음과 같은 규칙으로 수를 늘어놓을 때, 35번째에 놓일 분수의 분모와 분자의 차를 구하시오.

$$2,\ 3,\ \frac{3}{2},\ 4,\ \frac{4}{2},\ \frac{4}{3}\ \cdots\cdots$$

(   )

6-4 다음과 같은 규칙으로 분수를 늘어놓을 때, 43번째에 놓일 분수를 대분수로 나타내시오.

$$\frac{1}{2},\ \frac{4}{3},\ \frac{7}{4},\ \frac{10}{5},\ \frac{13}{6}\ \cdots\cdots$$

(   )

떨어진 높이의 분수만큼은 분모로 나눈 것에 분자를 곱한 값이다.

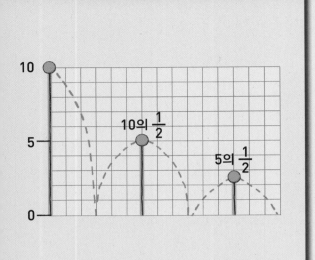

떨어진 높이의 $\frac{3}{4}$만큼 튀어 오르는 공

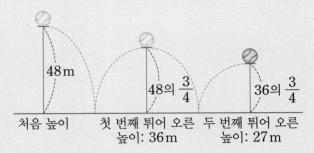

48m

48의 $\frac{3}{4}$

36의 $\frac{3}{4}$

처음 높이   첫 번째 튀어 오른   두 번째 튀어 오른
            높이: 36m   높이: 27m

대표문제 7

떨어진 높이의 $\frac{2}{5}$만큼 튀어 오르는 공이 있습니다. 이 공을 150 m의 높이에서 떨어뜨린다면 두 번째로 튀어 오를 때까지 공이 움직인 거리는 모두 몇 m입니까?

첫 번째 튀어 오르는 공의 높이는 150 m의 $\frac{2}{5}$이므로 150÷□×2=□(m)입니다.

두 번째 튀어 오르는 공의 높이는 □m의 $\frac{2}{5}$이므로 □÷5×□=□(m)입니다.

따라서 공이 움직인 거리는 모두 150+□+□+□=□(m)입니다.

7-1 떨어진 높이의 $\frac{3}{7}$ 만큼 튀어 오르는 공이 있습니다. 이 공을 147 cm의 높이에서 떨어뜨린다 면 두 번째로 튀어 오른 공의 높이는 몇 cm입니까?

(   )

7-2 떨어진 높이의 $\frac{2}{3}$ 만큼 튀어 오르는 공이 있습니다. 이 공을 54 m의 높이에서 떨어뜨린다면 세 번째로 튀어 오른 공의 높이는 몇 m입니까?

(   )

7-3 현지가 공을 81 m의 높이에서 떨어뜨렸더니 첫 번째는 떨어뜨린 높이의 $\frac{5}{9}$ 만큼 튀어 오르고, 두 번째는 첫 번째에 튀어 오른 높이의 $\frac{3}{5}$ 만큼 튀어 올랐습니다. 이 공이 두 번째로 튀어 오르고 다시 땅에 닿을 때까지 움직인 거리는 모두 몇 m입니까?

(   )

7-4 영재가 공을 112 cm의 높이에서 떨어뜨렸더니 첫 번째는 떨어뜨린 높이의 $\frac{7}{8}$ 만큼 튀어 오르고, 두 번째는 첫 번째에 튀어 오른 높이의 $\frac{4}{7}$ 만큼 튀어 올랐습니다. 공이 첫 번째로 튀어 오른 높이는 두 번째로 튀어 오른 높이보다 몇 cm 더 높습니까?

(   )

가분수를 대분수로 바꾸기 위해
나눗셈의 몫과 나머지를 이용한다.

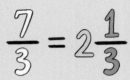

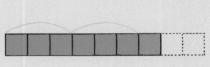

$$7 \div 3 = 2 \cdots 1$$

㉠, ㉡, ㉢에 1부터 9까지의 숫자를 한 번씩만 넣을 때

$$\frac{4㉠}{5} = ㉡\frac{㉢}{5}$$

$5 \times 8 = 40$, $5 \times 9 = 45$이므로

㉠=1, 2, 3, 4이면 ㉡=8,

㉠=6, 7, 8, 9이면 ㉡=9입니다.

대표문제 8

다음은 분모가 5인 가분수를 대분수로 나타낸 것으로 ㉠㉡은 두 자리 수를 나타냅니다.
㉠, ㉡, ㉢, ㉣에 1부터 9까지의 숫자를 한 번씩만 넣을 때 ㉠에 3을 넣는 경우 나올 수
있는 대분수를 모두 구하시오.

$$\frac{㉠㉡}{5} = ㉢\frac{㉣}{5}$$

① ㉡=5이면 $\frac{35}{5} = 7$이므로 위와 같은 식으로 나타낼 수 없습니다.

② ㉡=1, 2, 3, 4이면 ㉢=□이고, 이 경우 ㉡과 □에 오는 숫자가 모두 겹칩니다.
　　　　　　　　　　　　　　　　　　　　　　└── 기호를 쓰세요.

③ ㉡=6, 7, 8, 9이면 ㉢=7이고 숫자는 한 번씩만 쓸 수 있으므로

　㉡=6, □만 가능합니다.

➡ ㉡=6이면 $\frac{36}{5} = 7\frac{□}{5}$, ㉡=□이면 $\frac{□}{5} = 7\frac{□}{5}$

따라서 ㉠에 3을 넣는 경우 나올 수 있는 대분수는 $7\frac{□}{5}$, $7\frac{□}{5}$입니다.

8-1　다음은 분모가 9인 가분수를 대분수로 나타낸 것으로 ㉠㉡은 두 자리 수를 나타냅니다. ㉠, ㉡, ㉢, ㉣에 1부터 9까지의 숫자를 한 번씩만 넣을 때 ㉠에 5를 넣는 경우 나올 수 있는 대분수는 모두 몇 개입니까?

$$\frac{㉠㉡}{9} = ㉢\frac{㉣}{9}$$

(　　　　　　　　　　)

8-2　다음은 분모가 7인 가분수를 대분수로 나타낸 것으로 ㉠㉡은 두 자리 수를 나타냅니다. ㉠, ㉡, ㉢, ㉣에 분모 7을 제외한 1부터 9까지의 숫자를 한 번씩만 넣을 때 ㉢에 6을 넣는 경우 나올 수 있는 식을 모두 쓰시오.

$$\frac{㉠㉡}{7} = ㉢\frac{㉣}{7}$$

(　　　　　　　　　　)

8-3　다음은 분모가 8인 가분수를 대분수로 나타낸 것으로 ㉠㉡은 두 자리 수를 나타냅니다. ㉠, ㉡, ㉢, ㉣에 1부터 9까지의 숫자를 한 번씩만 넣을 때 나올 수 있는 가분수 중 가장 작은 가분수를 구하시오.

$$\frac{㉠㉡}{8} = ㉢\frac{㉣}{8}$$

(　　　　　　　　　　)

1 수현이는 하루의 $\frac{1}{3}$ 은 잠을 자고 $\frac{1}{8}$ 은 밥을 먹고 $\frac{1}{4}$ 은 학교에서 보냅니다. 수현이가 하루를 보내는 나머지 시간은 몇 시간입니까?

(   )

2 희수가 동화책 한 권을 3일 동안 모두 읽었습니다. 첫째 날은 36쪽을 읽었고, 둘째 날은 첫째 날 읽은 쪽수의 $\frac{8}{9}$ 보다 2쪽 더 적게 읽었고, 셋째 날은 둘째 날 읽은 쪽수의 $\frac{5}{6}$ 보다 1쪽 더 많이 읽었습니다. 동화책은 모두 몇 쪽입니까?

(   )

3 재민이네 반 학생은 28명입니다. 이 중에서 안경을 쓴 남학생은 전체의 $\frac{3}{14}$ 이고, 나머지의 $\frac{4}{11}$ 는 안경을 쓴 여학생입니다. 안경을 쓰지 않은 학생은 몇 명입니까?

(   )

4 5장의 수 카드 중 2장을 골라 만들 수 있는 가장 큰 가분수를 대분수로 나타내어 보시오.

$$\boxed{3} \quad \boxed{5} \quad \boxed{6} \quad \boxed{7} \quad \boxed{8}$$

(   )

5 연필 1타는 12자루입니다. 연필 7타 중 수정이는 전체의 $\frac{1}{4}$만큼, 우현이는 전체의 $\frac{2}{7}$만큼 가지려고 합니다. 누가 연필을 몇 자루 더 많이 가지게 됩니까?

(   ), (   )

6 호정이가 집에서 12시 50분에 출발하여 2시 5분에 식물원에 도착하였습니다. 집에서 식물원까지 가는 데 걸린 시간 중 전체의 $\frac{2}{3}$는 지하철을, 전체의 $\frac{1}{5}$은 버스를 타고 나머지는 걸었습니다. 걸은 시간은 몇 분입니까?

(   )

7 색종이 한 장의 $\frac{1}{2}$조각이 ①, $\frac{1}{4}$조각이 ②, $\frac{1}{8}$조각이 ③입니다. 주어진 모양을 ③으로만 만든다면 필요한 ③은 색종이 한 장의 얼마만큼인지 대분수로 나타내어 보시오.

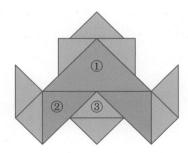

(   )

8 소영이네 가게에서 판매한 아이스크림 수의 $\frac{8}{11}$은 40개이고, 태민이네 가게에서 판매한 아이스크림 수는 소영이네 가게에서 판매한 아이스크림 수의 $1\frac{3}{5}$입니다. 태민이네 가게에서 판매한 아이스크림은 모두 몇 개입니까?

(   )

9 오른쪽 가분수의 분자를 분모로 나누었더니 몫이 6이고 나머지가 5였습니다. 이 가분수의 분자와 분모의 차를 구하시오.

(   )

10 분모와 분자의 합이 43이고 차가 7인 진분수를 구하시오.

(   )

11 ★, ▲에 알맞은 수는 자연수입니다. $\frac{★}{▲}$이 될 수 있는 분수 중 대분수로 나타낼 수 있는 것은 모두 몇 개입니까?

$$3\frac{7}{9} < \frac{★}{9} < 4\frac{2}{9} \qquad \frac{32}{5} < ▲\frac{3}{5} < \frac{41}{5}$$

(   )

12 일정한 빠르기로 타는 양초에 불을 붙이고 12분이 지난 후 양초의 길이를 재어 보니 처음 양초 길이의 $\dfrac{5}{8}$가 남았습니다. 남은 양초가 모두 타는 데 걸리는 시간은 몇 분입니까?

(   )

13 $\bigcirc\dfrac{8}{13}$을 가분수로 나타내려고 합니다. $4<\bigcirc<7$일 때, 가분수의 분자가 될 수 있는 수들의 합을 구하시오.

(   )

14 조건을 모두 만족하는 세 분수 ㉠, ㉡, ㉢을 각각 구하시오.

> • 세 분수는 분모가 21인 진분수입니다.
> • 세 분수의 분자의 합은 25입니다.
> • ㉠의 분자는 ㉡의 분자보다 5 큽니다.
> • ㉢의 분자는 ㉡의 분자보다 4 작습니다.

㉠ (   ), ㉡ (   ), ㉢ (   )

15 조건을 모두 만족하는 대분수는 모두 몇 개입니까?

> • $\bigcirc\dfrac{\bigcirc}{7}<\dfrac{60}{7}$
> • ㉠은 ㉡보다 1 작은 수입니다.

(   )

빈칸에 ○표나 ×표를 써넣으세요.
(단, 가로, 세로, 대각선(＼ , ／)으로 같은 표시는 연달아 3개까지만 넣을 수 있어요.)

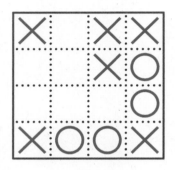

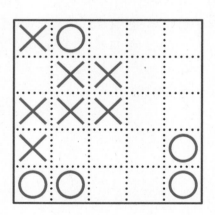

5

들이와 무게

1 들이의 단위, 들이의 합과 차

1-1

- 단위를 사용하면 많고 적은 정도를 수로 나타낼 수 있습니다.
- 들이에 따라 알맞은 단위를 사용하여 나타냅니다.

BASIC CONCEPT

들이의 단위

- 들이의 단위에는 리터와 밀리리터 등이 있습니다.
- 1리터는 $1\,L$, 1밀리리터는 $1\,mL$라고 씁니다.
- 1리터는 1000밀리리터와 같습니다.

1L   1mL

$$1\,L = 1000\,mL$$

→ $\underline{1\,L\ 200\,mL}$: $1\,L$보다 $200\,mL$ 더 많은 들이
  └─ 1리터 200밀리리터

$$1\,L\ 200\,mL = 1200\,mL$$

들이의 어림

들이를 어림하여 말할 때에는 약 ☐L 또는 약 ☐mL라고 합니다.

6-2 연계

- **부피와 들이**
  부피는 겉으로 드러나는 양의 크기이고, 들이는 안에 담을 수 있는 양의 크기입니다.

- **부피의 단위**

한 모서리가 $1\,m$인 정육면체의 부피를 $1\,m^3$라 하고 1세제곱미터라고 읽습니다.

---

1 ㉮, ㉯, ㉰ 세 컵으로 그릇에 가득 담긴 물을 덜어 냈습니다. 덜어 낸 횟수가 다음과 같을 때 들이가 많은 컵부터 차례로 쓰시오.

컵	㉮	㉯	㉰
덜어 낸 횟수	7	5	6

( )

2 들이를 비교하여 가장 많은 것에 ○표, 가장 적은 것에 △표 하시오.

$3\,L\ 700\,mL$	$3070\,mL$	$7003\,mL$	$3\,L$
( )	( )	( )	( )

BASIC CONCEPT

들이의 합과 차

$$
\begin{array}{cc}
& 5\,\text{L} \qquad 600\,\text{mL} \\
+\ & 2\,\text{L} \qquad 900\,\text{mL} \\
\hline
& 7\,\text{L} \quad 1500\,\text{mL} \\
& \quad 1\,\text{L} \leftarrow 1000\,\text{mL} \\
\hline
& 8\,\text{L} \qquad 500\,\text{mL}
\end{array}
$$

mL 단위끼리의 합이 1000 이거나 1000보다 크면 1 L로 받아올림합니다.

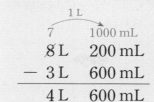

$$
\begin{array}{cc}
& \quad 7 \qquad 1000\,\text{mL} \\
& 8\,\text{L} \qquad 200\,\text{mL} \\
-\ & 3\,\text{L} \qquad 600\,\text{mL} \\
\hline
& 4\,\text{L} \qquad 600\,\text{mL}
\end{array}
$$

mL 단위끼리 뺄 수 없으면 1 L를 1000 mL로 받아내림합니다.

---

3 빈칸에 알맞게 써넣으시오.

4 L 900 mL ━ +1 L 350 mL ━ −2 L 600 mL ➡ [ ]

---

4 약수터에서 물을 민재는 4 L 500 mL 떠 왔고, 동생은 민재보다 1 L 700 mL 더 적게 떠 왔습니다. 동생이 약수터에서 떠 온 물의 양은 몇 L 몇 mL입니까?

( )

BASIC CONCEPT

1초 동안 ■ mL의 물을 받으면서 ▲ mL의 물을 내보내는 그릇에 1초 동안 채워지는 물의 양

1초 동안 받는 물의 양 ■ mL는 더하고
내보내는 물의 양 ▲ mL는 빼서 물의 양을 알아봅니다.
➡ 1초 동안 그릇에 채워지는 물의 양은 (■−▲) mL입니다.

---

5 1초에 280 mL의 물이 나오는 수도로 들이가 1 L인 그릇에 물을 가득 채우려고 합니다. 그런데 그릇에 구멍이 생겨 1초에 30 mL의 물이 흘러 나간다면 그릇에 물을 가득 채우는 데 걸리는 시간은 몇 초인지 ☐ 안에 알맞은 수를 써넣으시오.

1초 동안 그릇에 채워지는 물의 양은 280 − [ ] = [ ] (mL)입니다.

1 L = 1000 mL는 250 mL씩 [ ] 번이므로 그릇에 물을 가득 채우는 데 걸리는 시간은

[ ] 초입니다.

2 무게의 단위, 무게의 합과 차

- 단위를 사용하면 무겁고 가벼운 정도를 수로 나타낼 수 있습니다.
- 무게에 따라 알맞은 단위를 사용하여 나타냅니다.

무게의 단위

- 무게의 단위에는 킬로그램과 그램 등이 있습니다.
- 1킬로그램은 1 kg, 1그램은 1 g이라고 씁니다.
- 1킬로그램은 1000그램과 같습니다.

$$1 \text{ kg} = 1000 \text{ g}$$

➡ 1 kg 200 g: 1 kg보다 200 g 더 무거운 무게
└─ 1킬로그램 200그램

$$1 \text{ kg } 200 \text{ g} = 1200 \text{ g}$$

- 1000 kg의 무게를 1 t이라고 쓰고 1톤이라고 읽습니다.
- 1톤은 1000킬로그램과 같습니다.

$$1 \text{ t} = 1000 \text{ kg}$$

무게의 어림

무게를 어림하여 말할 때에는 약 ☐ kg 또는 약 ☐ g이라고 합니다.

6-2 연계

- 물의 부피, 들이, 무게 단위 사이의 관계

$$1 \text{ cm}^3 = 1 \text{ mL} = 1 \text{ g}$$
$$1000 \text{ cm}^3 = 1000 \text{ mL}$$
$$= 1000 \text{ g}$$
$$= 1 \text{ kg} = 1 \text{ L}$$

---

1 무게가 가벼운 것부터 차례로 기호를 쓰시오.

| ㉠ 3 kg 30 g | ㉡ 3300 g | ㉢ 30 kg | ㉣ 3003 g |

( )

2 한 상자의 무게가 50 kg인 물건 300상자를 트럭에 실었습니다. 트럭에 실은 물건의 무게는 몇 t입니까?

( )

무게의 합과 차

$$
\begin{array}{rr}
 & 4\,\text{kg} \quad 900\,\text{g} \\
+\, & 1\,\text{kg} \quad 500\,\text{g} \\
\hline
 & 5\,\text{kg} \quad 1400\,\text{g} \\
 & 1\,\text{kg} \leftarrow 1000\,\text{g} \\
\hline
 & 6\,\text{kg} \quad 400\,\text{g}
\end{array}
$$

g 단위끼리의 합이 1000이거나 1000보다 크면 1 kg으로 받아올림합니다.

$$
\begin{array}{rr}
 & \overset{\overset{5}{\frown}}{6}\,\text{kg} \quad \overset{1000\,\text{g}}{100}\,\text{g} \\
-\, & 3\,\text{kg} \quad 700\,\text{g} \\
\hline
 & 2\,\text{kg} \quad 400\,\text{g}
\end{array}
$$

g 단위끼리 뺄 수 없으면 1 kg을 1000 g으로 받아내림합니다.

3 ⊙에 알맞은 무게는 몇 kg 몇 g입니까?

$$10\,\text{kg} + \bigcirc = 6\,\text{kg}\ 850\,\text{g} + 5\,\text{kg}\ 600\,\text{g}$$

(   )

4 가방 한 개의 무게는 1 kg 700 g이고, 책 한 권의 무게는 400 g입니다. 가방에 책 4권을 넣은 무게는 몇 kg 몇 g입니까?

(   )

물건들의 무게 사이의 관계: 공통으로 들어있는 물건의 개수를 같게 만들어 줍니다.

사과 1개의 무게는 귤 3개의 무게와 같고, 배 2개의 무게는 귤 9개의 무게와 같을 때
사과와 배 무게 사이의 관계를 알아보면

$$
\left.\begin{array}{l}
(\text{사과 1개}) = (\text{귤 3개}) \\
(\text{배 2개}) \ = (\text{귤 9개})
\end{array}\right\} \Rightarrow
\left.\begin{array}{l}
(\text{사과 3개}) = (\text{귤 9개}) \\
(\text{배 2개}) \ = (\text{귤 9개})
\end{array}\right\} \Rightarrow
(\text{사과 3개}) = (\text{배 2개})
$$

귤이 공통으로 있습니다.   귤의 개수를 같게 만듭니다.

➡ 사과 3개의 무게는 배 2개의 무게와 같습니다.

5 수박 1통의 무게는 멜론 3통의 무게와 같고, 멜론 1통의 무게는 참외 4개의 무게와 같습니다. 수박 1통의 무게는 참외 몇 개의 무게와 같습니까?

(   )

실제 값과 어림한 값의 차가 작을수록 어림을 잘한 것이다.

내가 이겼다!

실제 무게가 1 kg일 때
└1000 g
• 주연: 800 g
• 진우: 1050 g
$1000-800=200(g)$, $1050-1000=50(g)$
$50<200$이므로 실제 무게에 가깝게 어림한 사람은 진우입니다.

대표문제 1

창준이의 몸무게는 53 kg 700 g입니다. 다음과 같이 창준이의 몸무게를 어림했을 때 실제 몸무게에 가장 가깝게 어림한 사람은 누구입니까?

> 지혜: 내가 보기엔 55 kg쯤 될 것 같아.
> 민호: 그렇게 많이? 난 52 kg 300 g쯤 될 것 같은데…….
> 연아: 난 53000 g으로 어림할래!

실제 몸무게와 어림한 몸무게의 차가 (클수록 , 작을수록) 실제 몸무게에 가깝게 어림한 것이므로 두 몸무게의 차를 구해 봅니다.

지혜: 55 kg $-$ 53 kg 700 g $=$ ☐ kg ☐ g

민호: 53 kg 700 g $-$ 52 kg 300 g $=$ ☐ kg ☐ g

연아: 53000 g $=$ ☐ kg이므로 53 kg 700 g $-$ ☐ kg $=$ ☐ g

따라서 ☐ g $<$ ☐ kg ☐ g $<$ ☐ kg ☐ g이므로 실제 몸무게와 어림한 몸무게의 차가 가장 작은 ☐ 가 실제 몸무게에 가장 가깝게 어림하였습니다.

1-1 오른쪽과 같은 오렌지 주스 1병의 들이를 세현이는 1 L 750 mL, 은성이는 1 L 300 mL로 어림했습니다. 실제 들이에 가깝게 어림한 사람은 누구입니까?

1 L 500 mL

(   )

1-2 눈금을 가린 저울 위에 400 g짜리 참외 4개를 올려놓았습니다. 세 어린이의 대화를 보고 실제 무게에 가깝게 어림한 순서대로 이름을 쓰시오.

> 정은: 얘들아! 참외 4개의 무게가 얼마일 것 같아?
> 난 1 kg 800 g쯤 될 것 같은데…….
> 보람: 난 1 kg 500 g 정도 되어 보이는데…….
> 지우: 그것보다 더 무거울 것 같아. 2 kg은 될 것 같아!

(   )

1-3 5 L들이 수조에 가득 들어 있는 물을 300 mL들이 컵에 가득 담아 4번 퍼냈습니다. 남은 물의 양을 다음과 같이 어림했다면 실제 남은 물의 양에 가장 가깝게 어림한 사람은 누구입니까?

> 정훈: 4 L   진석: 3 L 600 mL   선주: 3 L 900 mL

(   )

들어 있는 물의 양에 부은 물의 양을 더하면 전체 물의 양이다.

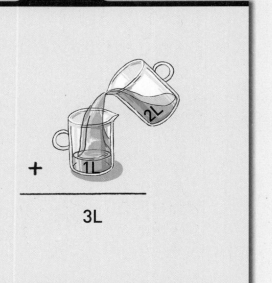

+ 1L
—
3L

물이 1 L 들어 있는 수조에 똑같은 컵 2개에 물을
가득 담아 부어 1 L 400 mL가 되었다면

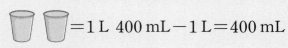＝1 L 400 mL－1 L＝400 mL

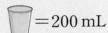＝200 mL

 2 **대표문제**

설희 어머니는 매실 원액이 2 L 800 mL 들어 있는 항아리에 매실 원액을 그릇에 가득
담아 5번 더 부었습니다. 항아리에 들어 있는 매실 원액이 4 L 300 mL가 되었다면 그
릇의 들이는 몇 mL입니까?

(항아리에 더 부은 매실 원액의 양)

＝(매실 원액을 더 부은 후의 양)－(처음에 들어 있던 매실 원액의 양)

＝ ☐ L ☐ mL － ☐ L ☐ mL

＝ ☐ L ☐ mL

＝ ☐ mL

그릇에 가득 담아 5번 부은 매실 원액의 양이 ☐ mL이고

1500 mL＝ ☐ mL＋ ☐ mL＋ ☐ mL＋ ☐ mL＋ ☐ mL이므로

<u>똑같은 5개의 수의 합이 1500</u>

그릇의 들이는 ☐ mL입니다.

2-1 물통에 1 L 800 mL의 물이 들어 있습니다. 이 물을 200 mL들이 컵에 가득 따라 3번을 덜어 냈다면 물통에 남아 있는 물은 몇 L 몇 mL입니까?

(   )

2-2 어항에 5 L 700 mL의 물이 들어 있습니다. 통에 물을 가득 담아 4번 부었더니 어항의 물이 7 L 300 mL가 되었을 때, 통의 들이는 몇 mL입니까?

(   )

2-3 쌀 4 kg 600 g과 보리 1 kg 500 g을 섞어 그릇을 가득 채워 3번 덜어 냈습니다. 남은 쌀과 보리의 양이 3 kg 400 g이라면 그릇으로 1번 덜어 낸 양은 몇 g입니까? (단, 매번 덜어 낸 무게는 같습니다.)

(   )

2-4 현수 아버지께서 약수터에서 떠 오신 약수 8 L 100 mL를 큰 통과 작은 통에 나누어 담았습니다. 큰 통 2개와 작은 통 3개에 가득 담고 남은 약수는 3 L 900 mL입니다. 큰 통의 들이가 작은 통의 들이의 2배일 때 큰 통의 들이는 몇 L 몇 mL입니까?

(   )

덜어 내거나 더한 양으로 담은 그릇의 무게를 구한다.

$$
\begin{aligned}
(\text{수박 2통}) + (\text{빈 상자}) &= 17\,kg \\
-\,)\ (\text{수박 1통}) + (\text{빈 상자}) &= \ \ 9\,kg \\
\hline
(\text{수박 1통}) \qquad\qquad\ &= \ \ 8\,kg
\end{aligned}
$$

➡ (빈 상자) = 9 kg − 8 kg = 1 kg

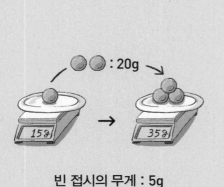

: 20g

빈 접시의 무게 : 5g

대표문제 3

귤이 가득 들어 있는 상자의 무게를 재었더니 10 kg 600 g이었습니다. 귤의 절반을 먹은 후 다시 상자의 무게를 재었더니 5 kg 700 g이었습니다. 빈 상자의 무게는 몇 g입니까? (단, 귤 1개의 무게는 모두 같습니다.)

$$
\begin{aligned}
(\text{빈 상자의 무게}) + (\text{가득 찬 귤의 무게}) &= 10\,kg\ 600\,g \\
-\,)\ (\text{빈 상자의 무게}) + (\text{귤 절반의 무게}) &= 5\,kg\ 700\,g \\
\hline
(\text{귤 절반의 무게}) &= \boxed{}\,kg\ \boxed{}\,g
\end{aligned}
$$

귤 절반의 무게가 ☐ kg ☐ g이므로 귤 전체의 무게는

☐ kg ☐ g + ☐ kg ☐ g = ☐ kg ☐ g입니다.

➡ (빈 상자의 무게) = (귤이 가득 들어 있는 상자의 무게) − (귤 전체의 무게)

= ☐ kg ☐ g − ☐ kg ☐ g

= ☐ g

참고 빈 상자의 무게는 귤 절반이 들어 있는 상자의 무게에서 귤 절반의 무게를 빼도 됩니다.

3-1 무게가 같은 책 6권을 가방에 넣고 무게를 재었더니 2 kg 100 g이었습니다. 다시 책 1권을 꺼낸 후 무게를 재었더니 1 kg 850 g이었습니다. 책 2권의 무게는 몇 g입니까?

(   )

3-2 상자에 참외 8개를 넣고 무게를 재었더니 3 kg 350 g이었습니다. 이 상자에 참외 4개를 더 넣고 무게를 재었더니 4 kg 750 g이었습니다. 빈 상자의 무게는 몇 g입니까? (단, 참외 1개의 무게는 모두 같습니다.)

(   )

3-3 그릇에 고구마 4개를 넣고 무게를 재었더니 1 kg 700 g이었고, 고구마 1개를 먹고 다시 무게를 재었더니 1 kg 350 g이었습니다. 이 그릇에 고구마 6개를 넣고 무게를 재면 몇 kg 몇 g이 됩니까? (단, 고구마 1개의 무게는 모두 같습니다.)

(   )

3-4 하윤이가 수박 1통을 들고 저울에 올라갔더니 41 kg 400 g이었고 수박을 3등분 한 것 중 2조각을 들고 저울에 올라갔더니 40 kg 100 g이었습니다. 하윤이가 무게가 5kg 700 g인 강아지를 안고 저울에 올라가면 몇 kg 몇 g이 되겠습니까?

(   )

모르는 수가 하나만 있는 식으로 만든다.

$$ⓒ=⊙+400$$

$$⊙+ⓒ=1000이면$$

$$⊙+⊙+400=1000$$

$$⊙+⊙=600$$

$$⊙=300$$

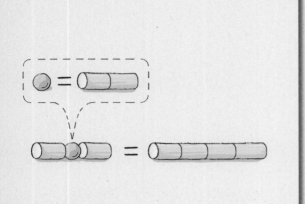

대표문제 4

식용유 5 L를 들이가 800 mL 차이가 나는 두 유리병에 나누어 담았습니다. 두 유리병에 식용유가 가득 찼다면 작은 유리병에 담긴 식용유는 몇 L 몇 mL입니까?

작은 유리병의 들이를 ■mL라고 하면 큰 유리병의 들이는 (■＋800) mL입니다.

두 유리병에 담긴 식용유의 양이 5 L＝[   ]mL이므로

■＋(■＋800)＝[   ],

■＋■＝[   ]－800＝[   ], ■＝[   ]입니다.

따라서 작은 유리병에 담긴 식용유는 [   ]mL＝[ ]L[   ]mL입니다.

4-1 우유 950 mL를 준서와 수혁이가 모두 나누어 마셨습니다. 준서가 수혁이보다 150 mL 더 많이 마셨다면 수혁이가 마신 우유는 몇 mL입니까?

(   )

4-2 밀가루 4 kg을 두 통에 나누어 담았습니다. 두 통에 담긴 밀가루 무게의 차가 1 kg 200 g이라면 두 통에 담긴 밀가루는 각각 몇 kg 몇 g입니까?

(   ),(   )

4-3 떡 5 kg 중에서 700 g을 먹은 후 남은 떡을 두 봉지에 나누어 담았습니다. 큰 봉지와 작은 봉지에 담은 떡의 무게의 차가 500 g이라면 두 봉지에 담은 떡은 각각 몇 kg 몇 g입니까?

큰 봉지 (   )

작은 봉지 (   )

4-4 가 그릇과 나 그릇의 들이의 차는 200 mL이고 나 그릇과 다 그릇의 들이의 차는 300 mL입니다. 생수 4 L를 세 그릇에 남김없이 나누어 담았더니 세 그릇에 물이 모두 가득 찼다면 가 그릇과 나 그릇에 담긴 물의 양은 모두 몇 L 몇 mL입니까? (단, 가 그릇이 가장 작고, 다 그릇이 가장 큽니다.)

(   )

개념+문제 동영상

최상위 S

남는 것이 없으려면 몫에 1을 더해야 한다.

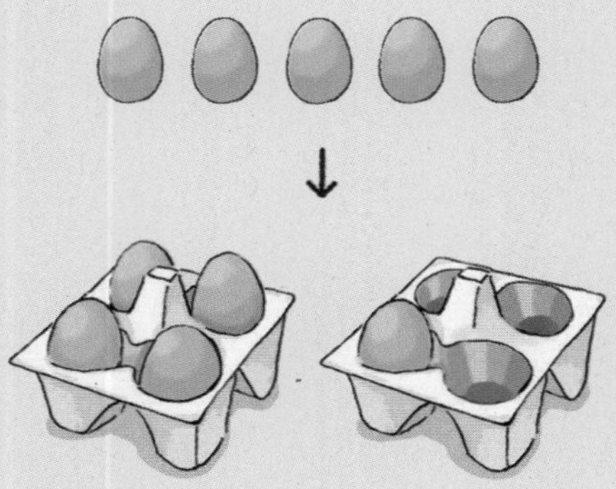

5÷4=1⋯1

└필요한 계란판 : 2개

쌀 20 kg을 3 kg씩 통에 나누어 담으면

$20 \div 3 = 6 \cdots 2$

➡ 통은 6개가 되고 쌀이 2 kg 남습니다.
따라서 쌀을 모두 담으려면 통은 적어도 7개가 필요합니다.

대표문제 5

한 가마니에 80 kg인 쌀 60가마니를 트럭에 실으려고 합니다. 트럭 한 대에 1 t까지 실을 수 있다면 트럭은 적어도 몇 대가 필요합니까?

쌀 한 가마니에 80 kg이므로

(쌀 60가마니의 무게)=(쌀 1가마니의 무게)×(가마니 수)

=□×□=□(kg)

1 t=□kg이고 4800 kg=4000 kg+800 kg이므로

4800 kg=□t □kg입니다.

따라서 트럭 한 대에 1 t까지 실을 수 있으므로

□t을 싣기 위한 트럭 □대, 800 kg을 싣기 위한 트럭 □대로

트럭은 적어도 □+□=□(대)가 필요합니다.

5-1 한 개의 무게가 20 kg인 철근 90개를 트럭에 실으려고 합니다. 트럭 한 대에 1 t까지 실을 수 있다면 트럭은 적어도 몇 대 필요합니까?

(   )

5-2 한 상자에 20 kg인 사과 500상자를 창고에 보관하려고 합니다. 창고 한 개에 사과를 3 t씩 보관할 수 있다면 창고는 적어도 몇 개 필요합니까?

(   )

5-3 한 포대에 20 kg인 밀가루 800포대와 10 kg인 설탕 500포대를 트럭에 실으려고 합니다. 트럭 한 대에 2 t까지 실을 수 있다면 트럭은 적어도 몇 대 필요합니까?

(   )

5-4 1량에 2 t까지 실을 수 있는 화물칸이 5량 연결되어 있는 화물열차가 있습니다. 한 통에 40 kg인 페인트 200통을 모두 싣고 한 자루에 8 kg인 모래를 싣는다면 모래는 몇 자루까지 실을 수 있습니까?

(   )

기준이 되는 양을 구한다.

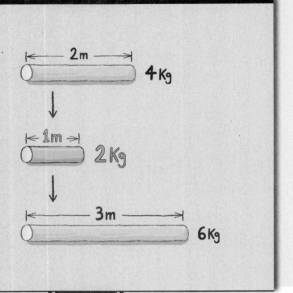

300 g에 1200원인 젤리 1 kg의 값
➡ 100 g의 가격: $1200 \div 3 = 400$(원)
　1 kg의 가격: $400 \times 10 = 4000$(원)

대표문제 6

영서 어머니는 과일 가게에서 400 g에 2000원인 방울토마토 1 kg을 사고, 정육점에서 1 kg에 18000원인 돼지고기를 1 kg 500 g 샀습니다. 영서 어머니께서 방울토마토와 돼지고기를 사는 데 쓴 돈은 모두 얼마입니까?

방울토마토 400 g이 2000원이므로 100 g은 $2000 \div \boxed{} = \boxed{}$(원)입니다.

➡ 1 kg=1000 g이고, 100 g의 $\boxed{}$배이므로

　방울토마토 1 kg은 $\boxed{} \times \boxed{} = \boxed{}$(원)입니다.

돼지고기 1 kg이 18000원이므로 500 g은 $18000 \div \boxed{} = \boxed{}$(원)입니다.
　　　　　$=1000\,g$

➡ 돼지고기 1 kg 500 g은 $18000 + \boxed{} = \boxed{}$(원)입니다.

따라서 영서 어머니께서 방울토마토와 돼지고기를 사는 데 쓴 돈은 모두

$\boxed{} + \boxed{} = \boxed{}$(원)입니다.

6-1 지은이는 300 g에 2400원인 사탕을 900 g 사려고 합니다. 지은이가 사탕을 사는 데 필요한 돈은 얼마입니까?

(   )

6-2 예슬이는 200 mL에 1500원인 오렌지 주스 500 mL와 700 mL에 8000원인 딸기 주스 1 L 400 mL를 샀습니다. 예슬이가 산 주스값은 모두 얼마입니까?

(   )

6-3 한 근에 5000원인 돼지고기 900 g과 100 g에 2000원인 소고기 1 kg을 사고 30000원을 냈습니다. 거스름돈으로 얼마를 받아야 합니까? (단, 한 근은 600 g입니다.)

(   )

6-4 1 kg에 5000원인 꿀떡 2 kg 500 g과 500 g에 3000원인 바람떡을 상자에 담아서 팔려고 합니다. 꿀떡과 바람떡을 담은 떡 1상자의 가격이 21500원이라면 바람떡은 몇 kg 몇 g 담아야 합니까? (단, 상자의 값은 생각하지 않습니다.)

(   )

더하거나 빼서 모르는 두 수 중 한 수만 남긴다.

$$
\begin{array}{r}
(귤\ 3개)+(토마토\ 2개)=\ \ 700\,g \\
+\ )\ \ (귤\ 3개)-(토마토\ 2개)=\ \ 500\,g \\
\hline
(귤\ 6개)\qquad\qquad\quad =1200\,g
\end{array}
$$

➡ (귤 1개)= 1200 ÷ 6 =200(g)

= 🍞 + 100

🍞 + = 200

🍞 + 🍞 + 100
= 200

7 콩 3봉지와 팥 1봉지의 무게를 더하면 2 kg 300 g이고, 콩 3봉지의 무게에서 팥 1봉지의 무게를 빼면 700 g입니다. 콩 5봉지의 무게는 몇 kg 몇 g입니까? (단, 콩 1봉지의 무게는 모두 같습니다.)

$$
\begin{array}{r}
(콩\ 3봉지)+(팥\ 1봉지)=2\,kg\ 300\,g \\
+\ )\ \ (콩\ 3봉지)-(팥\ 1봉지)=\qquad 700\,g \\
\hline
(콩\ 6봉지)\qquad\qquad =\ \boxed{}\ kg
\end{array}
$$

콩 6봉지의 무게가 $\boxed{}$ kg이고, 3 kg= $\boxed{}$ g이므로

콩 1봉지의 무게는 $\boxed{}$ ÷6= $\boxed{}$ (g)입니다.

따라서 콩 5봉지의 무게는 $\boxed{}$ ×5= $\boxed{}$ (g), 즉 $\boxed{}$ kg $\boxed{}$ g입니다.

7-1 수박과 참외의 무게를 나타낸 것입니다. 수박 1통의 무게는 몇 kg입니까? (단, 같은 과일끼리는 무게가 같습니다.)

> (수박 2통)＋(참외 2개)＝6 kg 600 g
> (수박 2통)－(참외 2개)＝5 kg 400 g

(   )

7-2 호박 7개와 오이 2개의 무게를 더하면 1 kg 600 g이고, 호박 3개의 무게에서 오이 2개의 무게를 빼면 400 g입니다. 호박과 오이 1개의 무게는 각각 몇 g입니까? (단, 같은 채소끼리는 무게가 같습니다.)

호박 (   )
오이 (   )

7-3 우유 2병과 주스 5병의 들이의 합은 2 L 400 mL이고, 우유 4병과 주스 1병의 들이의 합은 2 L 100 mL입니다. 우유 3병과 주스 3병의 들이의 합은 몇 L 몇 mL입니까? (단, 같은 음료수 병끼리는 들이가 같습니다.)

(   )

7-4 노란 공 2개, 파란 공 3개, 빨간 공 1개의 무게의 합은 2 kg 400 g이고, 노란 공 4개와 파란 공 6개의 무게의 합에서 빨간 공 1개의 무게를 빼면 3 kg 600 g입니다. 빨간 공 1개의 무게는 몇 g입니까? (단, 같은 색 공끼리는 무게가 같습니다.)

(   )

전체 물의 양은 들어간 물에서 나가는 물을 뺀 양이다.

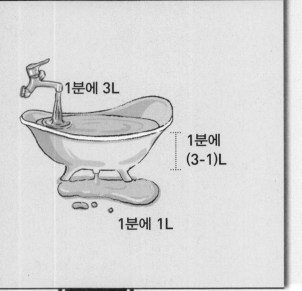

1분에 3L

1분에 (3-1)L

1분에 1L

1초에 300 mL의 물이 나오고
1초에 50 mL의 물이 샌다면
1초 동안 채울 수 있는 물의 양은
300 – 50 = 250(mL)입니다.

8 대표문제

1초에 250 mL의 물이 나오는 수도로 들이가 5 L인 물통에 물을 받으려고 합니다. 그런데 물통에 구멍이 생겨 1초에 50 mL씩 물이 샌다면 물통에 물을 가득 채우는 데 걸리는 시간은 몇 초입니까?

1초 동안 물통에 채울 수 있는 물의 양은

250 mL – ☐ mL = ☐ mL입니다.

이때 ☐ mL × 5 = 1000 mL = 1 L이므로

물통에 1 L의 물을 채우는 데 ☐ 초가 걸립니다.

따라서 5 L = 1 L × 5이므로 5 L의 물을 채우는 데 걸리는 시간은

☐ × 5 = ☐ (초)입니다.

8-1 1초에 350 mL씩 사과즙을 짜내는 기계가 있습니다. 이 기계에서 짜내는 사과즙을 1초에 100 mL씩 봉지에 담아 포장한다면 봉지에 담지 않은 사과즙이 1 L가 되는 것은 몇 초 후입니까?

(   )

8-2 1초에 600 mL의 물이 나오는 수도로 들이가 40 L인 어항에 물을 가득 채우려고 합니다. 물을 받기 시작할 때 어항에서 물을 빼내는 마개를 열어 1초에 100 mL의 물을 내보낸다면 어항에 물을 가득 채우는 데 걸리는 시간은 몇 초입니까?

(   )

8-3 1초에 250 mL의 물이 나오는 ㉮ 수도와 1초에 150 mL의 물이 나오는 ㉯ 수도를 동시에 틀어서 그릇에 물을 받으려고 합니다. 그릇의 들이가 2 L라면 그릇에 물을 가득 채우는 데 걸리는 시간은 몇 초입니까?

(   )

8-4 물을 내보내는 장치가 되어 있는 10 L들이 수조에 1초에 400 mL의 물이 나오는 ㉮ 수도와 1초에 300 mL의 물이 나오는 ㉯ 수도를 동시에 틀어서 물을 받으려고 합니다. 물을 받기 시작할 때 수조에서 물을 내보내는 장치를 열어 물을 내보냈더니 20초 후에 수조에 물이 가득 찼다면 1초에 물을 몇 mL씩 내보냈습니까?

(   )

문제풀이 동영상

1 혜민이네 냉장고에 우유가 1 L 800 mL, 주스가 1 L 500 mL 있습니다. 혜민이네 가족이 우유와 주스를 마신 후 우유는 900 mL, 주스는 700 mL가 남았습니다. 혜민이네 가족이 마신 우유와 주스는 모두 몇 L 몇 mL입니까?

(   )

2 유진이가 강아지를 안고 무게를 재면 37 kg 200 g이고, 고양이를 안고 무게를 재면 38 kg 500 g입니다. 강아지의 무게가 2 kg 500 g이면 고양이의 무게는 몇 kg 몇 g입니까?

(   )

3 우유 1 L 200 mL를 민석, 준호, 지혁이가 모두 나누어 마셨습니다. 민석이는 준호보다 150 mL 더 많이 마셨고 준호는 지혁이보다 150 mL 더 많이 마셨습니다. 준호가 마신 우유는 몇 mL입니까?

(   )

4 물건을 2 t까지 실을 수 있는 트럭이 있습니다. 이 트럭에 무게가 30 kg인 물건을 40개 실었다면 무게가 10 kg인 물건은 몇 개까지 실을 수 있습니까?

(   )

5 세 어린이가 똑같은 음료수를 1병씩 사서 각자 가지고 있는 컵에 남김없이 가득 따랐더니 컵을 사용한 횟수가 다음과 같았습니다. 수정이의 컵의 들이가 180 mL라면 가장 큰 컵은 누구의 컵이고 컵의 들이는 몇 mL입니까?

이름	수정	대한	현빈
횟수	5번	4번	6번

(   ),(   )

6 감자 2개의 무게는 당근 1개의 무게와 같고, 고구마 3개의 무게는 당근 2개의 무게와 같습니다. 감자 1개의 무게가 150 g일 때 고구마 7개의 무게는 몇 kg 몇 g입니까? (단, 같은 채소끼리는 무게가 같습니다.)

(   )

서술형 **7** 양팔저울과 250 g, 400 g짜리 추가 각각 3개씩 있습니다. 양팔저울에 이 추들을 여러 개 사용하여 300 g짜리 참외를 고르는 방법을 설명하시오.

설명

8 들이가 5 L인 물통에 물이 절반만큼 채워져 있습니다. 이 물통에 3초에 750 mL의 물이 나오는 수도로 물을 가득 채우는 데 걸리는 시간은 몇 초입니까?

( )

9 무게가 같은 역기 50개를 실은 트럭의 무게는 1 t 900 kg이었습니다. 다시 이 트럭에 똑같은 역기 20개를 더 싣고 무게를 재었더니 2 t 300 kg이었습니다. 빈 트럭의 무게는 몇 kg입니까?

( )

10 ㉮, ㉯, ㉰ 세 그릇이 있습니다. ㉰ 그릇의 들이는 ㉮와 ㉯ 그릇의 들이를 합한 것과 같습니다. 주전자에 물을 가득 채우는 데 ㉮ 그릇만 사용하면 6번, ㉯ 그릇만 사용하면 3번 부어야 합니다. ㉰ 그릇만 사용하면 몇 번 부어야 합니까?

( )

11 ㉮와 ㉯ 두 그릇에 물을 가득 담아 부으면 2 L, ㉮와 ㉰ 두 그릇에 물을 가득 담아 부으면 2 L 700 mL, ㉯와 ㉰ 두 그릇에 물을 가득 담아 부으면 3 L 100 mL입니다. ㉮, ㉯, ㉰ 세 그릇의 들이를 각각 구하시오.

㉮ 그릇 ( )
㉯ 그릇 ( )
㉰ 그릇 ( )

6

자료의 정리

자료와 표

• 자료를 표로 나타내면 여러 가지 사실을 쉽게 알 수 있습니다.

자료 정리하기

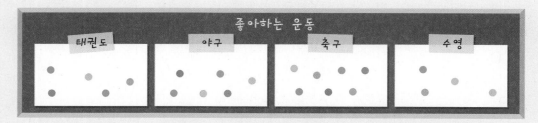

좋아하는 운동

태권도 　 야구 　 축구 　 수영

➡ 빠뜨리거나 겹치지 않도록 주의하며 /, ∨, ○ 등을 이용하여 세어 봅니다.

자료를 표로 나타내기

좋아하는 운동별 학생 수

운동	태권도	야구	축구	수영	합계
학생 수(명)	5	6	7	4	22

① 조사한 학생 수는 모두 22명입니다.

② 가장 적은 학생이 좋아하는 운동은 수영입니다.

③ 가장 많은 학생이 좋아하는 운동은 축구입니다.

④ 태권도를 좋아하는 학생은 수영을 좋아하는 학생보다 1명 더 많습니다.

표의 특징

① 각 항목별 조사한 수를 알기 쉽습니다.

② 조사한 수의 합계를 한눈에 알기 쉽습니다.

1 현아네 반 학생들이 좋아하는 음식을 조사하였습니다. 조사한 자료를 표로 나타내시오.

학생들이 좋아하는 음식

이름	음식	이름	음식	이름	음식
현아	피자	민규	떡볶이	재경	탕수육
수진	탕수육	성은	피자	영희	떡볶이
승훈	돈가스	호현	탕수육	은하	피자
태우	떡볶이	선화	피자	도영	떡볶이

좋아하는 음식별 학생 수

음식	피자	탕수육	돈가스	떡볶이	합계
학생 수(명)				4	

[2~3] 어느 장난감 백화점에 있는 종류별 장난감 수를 조사하여 표로 나타내었습니다. 물음에 답하시오.

종류별 장난감 수

종류	자동차	인형	로봇	보드	블록	합계
장난감 수(개)		185	240	169	196	1000

2 자동차의 수는 몇 개입니까?

( )

3 개수가 가장 많은 장난감은 무엇입니까?

( )

[4~5] 찬희네 학교 3학년 학생의 반별 학생 수를 조사하여 표로 나타내었습니다. 물음에 답하시오.

반별 학생 수

반	1반	2반	3반	4반	합계
여학생 수(명)	13	16		14	55
남학생 수(명)	15	11	16	14	56

4 학생 수가 가장 적은 반은 몇 반입니까?

( )

5 여학생 수가 가장 많은 반과 가장 적은 반의 여학생 수의 차는 몇 명입니까?

( )

2 그림그래프

- 그림그래프에 나타낸 여러 가지 사실을 알 수 있습니다.
- 그림의 크기에 따라 여러 가지 그림그래프로 나타낼 수 있습니다.

그림그래프

그림그래프: 조사한 수를 그림으로 나타낸 그래프

과수원별 참외 생산량

과수원	생산량
㉮	🥔🥔🥔🥔🥔🥔 🥚🥚
㉯	🥔🥔🥔 🥚
㉰	🥔🥔🥔🥔 🥚🥚🥚🥚
㉱	🥔🥔🥔🥔🥔🥔 🥚🥚

🥔100상자
🥚10상자

① 🥔는 100상자, 🥚는 10상자를 나타냅니다.
② 과수원별 참외 생산량은 ㉮ 과수원: 520상자, ㉯ 과수원: 310상자, ㉰ 과수원: 440상자, ㉱ 과수원: 620상자입니다.
③ 생산량이 가장 적은 과수원은 ㉯ 과수원입니다.
④ ㉱ 과수원의 참외 생산량은 ㉯ 과수원의 참외 생산량의 2배입니다.

그림그래프의 특징

① 자료의 특징에 알맞은 여러 가지 단위를 그림으로 나타낼 수 있습니다.
② 자료의 크기가 큰 경우 간단하게 나타낼 수 있습니다.
③ 각 항목별 많고 적음을 비교하기 편리합니다.

---

1 경인이가 월별로 읽은 책 수를 조사하여 그림그래프로 나타내었습니다. 책을 가장 많이 읽은 달은 몇 월이고, 몇 권을 읽었습니까?

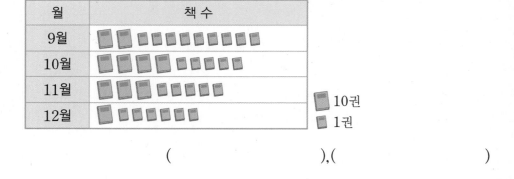

월별 읽은 책 수

월	책 수
9월	📗📗 📘📘📘📘📘📘📘📘
10월	📗📗📗📗 📘📘📘📘📘
11월	📗📗📗 📘📘📘📘📘
12월	📗 📘📘📘📘📘📘

📗10권
📘1권

(   ),(   )

그림그래프로 나타내기

① 어떤 그림으로 나타낼 것인지 정합니다.

② 그림을 몇 가지 단위로 나타낼 것인지 정합니다.

③ 조사한 수에 맞도록 그림을 그립니다.

④ 그린 그림그래프에 알맞은 제목을 붙입니다.

[2~3] 어느 동네 주민들이 가고 싶은 나라를 조사하여 표로 나타내었습니다. 물음에 답하시오.

가고 싶은 나라별 사람 수

나라	영국	태국	베트남	이탈리아	합계
사람 수(명)	15	18		17	74

2 표를 보고 □는 10명, ○는 5명, △는 1명으로 나타내어 그림그래프를 완성하시오.

가고 싶은 나라별 사람 수

나라	사람 수
영국	□ ○
태국	
베트남	
이탈리아	

□ 10명
○ 5명
△ 1명

3 가고 싶은 나라별 사람 수의 많고 적음을 한눈에 쉽게 비교할 수 있는 것은 표와 그림그래프 중 어느 것입니까?

(   )

4 어느 제과점의 빵별 판매량을 조사하여 그림그래프로 나타내었습니다. 단팥빵은 크림빵보다 9개 더 적게 팔았고 판매한 빵은 모두 120개일 때, 그림그래프를 완성하시오.

빵별 판매량

종류	판매량
단팥빵	
크림빵	◉ ◉ ◉ ◉ ◉ ○
카스테라	

◉ 10개
○ 1개

표는 각 항목별로 조사한 수와 전체 합계를 알기 쉽다.

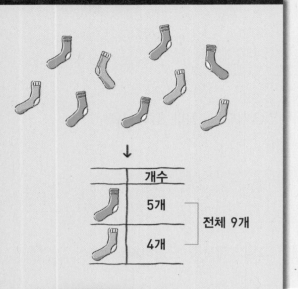

1반

계절	봄	여름	가을	겨울
학생 수 (명)	1	3	5	7

2반

계절	봄	여름	가을	겨울
학생 수 (명)	2	6	3	8

여름을 좋아하는 학생은
2반이 더 많습니다.

대표문제 1

예진이네 반과 현우네 반에서 가고 싶은 산을 조사하여 표로 나타내었습니다. 두 반이 함께 체험 학습을 가려면 어느 산으로 가는 것이 좋은지 구하시오.

예진이네 반

산	지리산	설악산	한라산	대둔산	합계
학생 수 (명)	5	8	7	3	23

현우네 반

산	지리산	설악산	한라산	대둔산	합계
학생 수 (명)	6	4	9	5	24

가고 싶은 산별 학생 수의 합을 알아봅니다.

(지리산을 가고 싶은 학생 수의 합)= ☐ + ☐ = ☐ (명)

(설악산을 가고 싶은 학생 수의 합)= ☐ + ☐ = ☐ (명)

(한라산을 가고 싶은 학생 수의 합)= ☐ + ☐ = ☐ (명)

(대둔산을 가고 싶은 학생 수의 합)= ☐ + ☐ = ☐ (명)

학생 수를 비교하면 ☐ > ☐ > ☐ > ☐ 이므로 학생 수의 합이 가장 큰 ☐ 으로 체험 학습을 가는 것이 좋습니다.

1-1 1반과 2반 학생들이 방과 후 수업으로 배우고 싶은 악기를 조사하여 표로 나타내었습니다. 어떤 악기로 방과 후 수업을 하면 좋겠습니까?

배우고 싶은 악기별 학생 수

악기	바이올린	거문고	우쿨렐레	플루트
1반 학생 수(명)	5	6	10	7
2반 학생 수(명)	7	9	4	6

( )

1-2 다음은 소현이와 도윤이가 세트 당 3발씩 쏜 화살을 나타낸 것입니다. 양궁 대회에 출전할 선수를 한 명 뽑는다면 누구를 뽑는 것이 좋겠습니까?

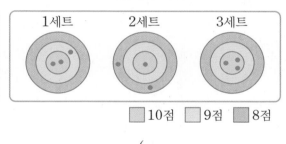

소현이의 기록   도윤이의 기록

☐10점 ☐9점 ☐8점

( )

1-3 우진이네 학교 3학년 학생들이 받고 싶은 선물을 조사하여 표로 나타내었습니다. 교내 수학 경시 대회 상품으로 무엇을 준비하는 것이 좋겠습니까?

받고 싶은 선물별 학생 수

종류	킥보드	게임기	학용품	자전거	레고	합계
1반의 학생 수(명)	2		4	6	5	25
2반의 학생 수(명)	6	7	3	5	2	23
3반의 학생 수(명)	3	5	4		6	25

( )

그림 한 개가 나타내는 양이 얼마인지 알아본다.

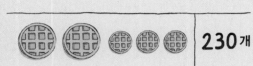

230개

⬡ : 100개

⬡ : 10개

과수원별 사과 생산량

과수원	그림	수
달콤	🍎🍎🍎 🍎🍎🍎🍎🍎	350상자
새콤	🍎🍎🍎🍎🍎 🍎🍎	520상자

➡ 사과 350상자를 🍎 3개와 🍎 5개로 나타냈으므로

🍎 한 개는 100상자, 🍎 한 개는 10상자를 나타냅니다.

2 민희네 모둠 학생들이 일주일 동안 마신 우유의 양을 그림그래프로 나타내었습니다. 혜수가 일주일 동안 마신 우유가 2500 mL라면 민희네 모둠 학생들이 일주일 동안 마신 우유의 양은 모두 몇 mL입니까?

학생별 마신 우유의 양

이름	우유의 양
민희	🥛🥛🥛🥛🥛🥛
호현	🥛🥛🥛🥛🥛🥛
혜수	🥛🥛🥛🥛🥛
찬우	🥛🥛🥛🥛🥛🥛

🥛 [　　] mL
🥛 100 mL

혜수가 마신 우유의 양은 🥛 [　　]개로 2500 mL이므로 🥛 1개는 [　　] mL를 나타냅니다.

학생별 마신 우유의 양을 알아보면

민희: [　　] mL, 호현: [　　] mL, 혜수: 2500 mL, 찬우: [　　] mL입니다.

따라서 민희네 모둠 학생들이 일주일 동안 마신 우유의 양은 모두

[　　] + [　　] + 2500 + [　　] = [　　] (mL)입니다.

2-1 공원에 심은 종류별 나무 수를 조사하여 그림그래프로 나타내었습니다. 벚꽃 나무를 46그루 심었다면 목련 나무는 몇 그루 심었습니까?

종류별 나무 수

종류	나무 수
벚꽃 나무	
은행 나무	
목련 나무	
느티 나무	

(   )

2-2 어느 마을에서 태어난 산부인과별 신생아 수를 그림그래프로 나타내었습니다. 무지개 산부인과에서 태어난 신생아가 190명이라면 이 마을에서 태어난 신생아는 모두 몇 명입니까?

산부인과별 신생아 수

산부인과	신생아 수
사랑	
행복	
봄빛	
무지개	

(   )

2-3 소진이네 학교 도서관의 종류별 책 수를 조사하여 그림그래프로 나타내었습니다. 동화책이 320권이라면 가장 많은 책은 가장 적은 책보다 몇 권 더 많습니까?

종류별 책 수

종류	책 수
동화책	
위인전	
만화책	
과학책	

(   )

표는 수로, 그림그래프는 그림으로 정보를 알려준다.

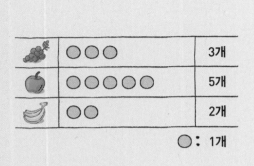

참외	사과
5	3

과일	개수
참외	○○○○○
사과	○○○

○ 1개

표에 없는 정보는 그림그래프에서,
그림그래프에 없는 정보는 표에서 찾아 완성합니다.

대표문제 3

경호네 마을의 과수원에서 생산한 사과를 조사하여 표와 그림그래프로 나타내었습니다.
표와 그림그래프를 완성하시오.

과수원별 사과 생산량

과수원	싱싱	맛나	달콤	행복	합계
생산량(상자)	780			800	3000

과수원별 사과 생산량

과수원	생산량
싱싱	
맛나	
달콤	🍎🍎🍎🍎🍎🍎🍎🍎🍎🍎🍎🍎🍎🍎🍎
행복	🍎🍎🍎🍎🍎🍎🍎🍎

🍎100상자
● 10상자

그림그래프에서 달콤 과수원의 사과 생산량은 🍎 6개, ● 9개이므로 ☐ 상자입니다.

따라서 맛나 과수원의 사과 생산량은 3000−780−☐−800=☐ (상자)입니다.

싱싱 과수원의 사과 생산량은 780상자이므로 🍎 ☐ 개, ● ☐ 개,

맛나 과수원의 사과 생산량은 ☐ 상자이므로 🍎 ☐ 개, ● ☐ 개를 그립니다.

3-1 민수네 모둠 학생들이 하루 동안 사용한 물의 양을 조사하여 표와 그림그래프로 나타내었습니다. 사용한 물의 양이 모두 280 L일 때, 경희가 사용한 물은 몇 L입니까?

학생별 사용한 물의 양

이름	물의 양(L)
민수	
선혜	60
승현	
경희	

학생별 사용한 물의 양

이름	물의 양
민수	〇〇〇〇〇〇〇〇〇
선혜	
승현	〇〇〇〇〇〇 〇〇
경희	

〇 10L
〇 1L

(   )

3-2 농장별 돼지 수를 조사하여 표와 그림그래프로 나타내었습니다. 나 농장의 돼지 수와 라 농장의 돼지 수가 같을 때, 표와 그림그래프를 완성하시오.

농장별 돼지 수

농장	돼지 수(마리)
가	340
나	
다	
라	
합계	1400

농장별 돼지 수

농장	돼지 수
가	
나	
다	🐷🐷🐷🐷
라	

🐷 100마리
🐷 10마리

3-3 어느 해 월별 맑은 날수를 조사하여 표와 그림그래프로 나타내었습니다. 11월은 한 달의 반이 맑은 날이었을 때, 표와 그림그래프를 완성하시오.

월별 맑은 날수

월	맑은 날수(일)
9월	
10월	18
11월	
12월	
합계	55

월별 맑은 날수

월	맑은 날수
9월	
10월	
11월	
12월	☼☼☼☼☼☼☼☼

☼ 10일
☼ 1일

알 수 있는 것부터 차례로 구한다.

			합계
		3	6

는 🍇의 2배
↓

🍎	🍇	🍌	합계
2	1	3	6

좋아하는 운동별 학생 수

운동	축구	야구	합계
학생 수(명)			10

축구를 좋아하는 학생이 야구를 좋아하는 학생보다
2명 더 많을 때
야구를 좋아하는 학생을 ■명이라고 하면 축구를
좋아하는 학생은 (■+2)명입니다.
➡ ■+■+2=10, ■=4

대표문제 4

소진이네 반 학생들이 좋아하는 계절을 조사하여 표로 나타내었습니다. 겨울을 좋아하는
학생이 여름을 좋아하는 학생보다 2명 더 많을 때, 겨울을 좋아하는 학생은 몇 명입니까?

좋아하는 계절별 학생 수

계절	봄	여름	가을	겨울	합계
학생 수(명)	4		7		27

(여름과 겨울을 좋아하는 학생 수의 합)=27−4−7=☐(명)

여름을 좋아하는 학생을 ★명이라고 하면 겨울을 좋아하는 학생은 (★+☐)명이므로

★+★+☐=☐, ★+★=☐, ★=☐입니다.

따라서 겨울을 좋아하는 학생은 ☐+2=☐(명)입니다.

4-1 영희네 반 학생들의 혈액형을 조사하여 표로 나타내었습니다. B형인 학생 수가 AB형인 학생 수보다 3명 더 많을 때, B형인 학생은 몇 명입니까?

혈액형별 학생 수

혈액형	A형	B형	AB형	O형	합계
학생 수(명)	6			9	24

( )

4-2 예진이네 학교 3학년 학생들이 월별로 읽은 책 수를 조사하여 표로 나타내었습니다. 5월에 읽은 책 수는 6월에 읽은 책 수보다 22권 더 적고, 7월에 읽은 책 수는 8월에 읽은 책 수보다 40권 더 많다고 합니다. 학생들이 책을 가장 많이 읽은 달은 몇 월입니까?

월별 읽은 책 수

월	5월	6월	7월	8월	합계
책 수(권)		130		97	472

( )

4-3 가게별 아이스크림 판매량을 조사하여 표로 나타내었습니다. 나 가게의 판매량은 가와 다 가게의 판매량 합의 $\frac{1}{2}$이고, 라 가게의 판매량은 가 가게의 판매량보다 7개 더 많습니다. 네 가게의 아이스크림 판매량의 합을 구하시오.

가게별 아이스크림 판매량

가게	가	나	다	라	합계
판매량(개)	45		51		

( )

그림을 보고 전체 자료의 양을 알 수 있다.

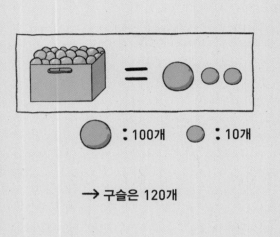

→ 구슬은 120개

도시별 병원 수

도시	병원 수
가	
나	
다	

🚑 10곳
🚐 1곳

➡ 가, 나, 다 세 도시의 병원 수는
34＋26＋42＝102(곳)입니다.

대표문제 5

꽃 가게에 있는 꽃을 종류별로 조사하여 그림그래프로 나타내었습니다. 꽃을 7송이씩 섞어 꽃다발을 만들고, 남은 꽃을 한 송이씩 포장하려고 합니다. 꽃다발을 만드는 데 필요한 리본이 95 cm이고 한 송이를 포장하는 데 필요한 리본이 28 cm라면 리본은 모두 몇 m 몇 cm 필요합니까?

종류별 꽃의 수

종류	꽃의 수
장미	●●●●●
튤립	●●●●●
국화	●●●
백합	●●●●●●●●●●●

●10송이 ●1송이

꽃 가게에 있는 전체 꽃의 수를 알아보면

장미: ☐송이, 튤립: ☐송이, 국화: ☐송이, 백합: ☐송이이므로

모두 ☐＋☐＋☐＋☐＝☐(송이)입니다.

☐÷7＝☐…☐에서 꽃다발은 ☐개 만들 수 있고 ☐송이가 남으므로

꽃다발을 만드는 데 필요한 리본은 95×☐＝☐(cm),

3송이를 포장하는 데 필요한 리본은 28×☐＝☐(cm)입니다.

➡ ☐＋☐＝☐(cm)

따라서 100 cm＝1 m이므로 리본은 모두 ☐cm＝☐m☐cm 필요합니다.

5-1 반별로 모은 헌 종이의 무게를 조사하여 그림그래프로 나타내었습니다. 헌 종이를 모두 모아 5 kg씩 묶은 후 남은 헌 종이는 1 kg씩 묶어 팔려고 합니다. 헌 종이를 묶는 데 필요한 끈이 5 kg은 3 m, 1 kg은 1 m일 때, 필요한 끈은 모두 몇 m입니까?

반별 모은 헌 종이의 무게

반	헌 종이의 무게
1반	
2반	
3반	
4반	

■10 kg
■1 kg

(   )

5-2 어느 문구점의 표지 색깔별 공책의 수를 조사하여 그림그래프로 나타내었습니다. 공책을 표지 색깔에 상관없이 모두 모아 10권씩 묶어 상자에 담은 후 남은 공책만 한 권에 800원씩 모두 팔았다면 판매 금액은 얼마입니까?

표지 색깔별 공책의 수

색깔	공책의 수
빨간색	
파란색	
초록색	
노란색	

🔲10권
🔲1권

(   )

5-3 기계별 지우개 생산량을 조사하여 그림그래프로 나타내었습니다. ㉯ 기계의 생산량은 ㉮ 기계와 ㉰ 기계의 지우개 생산량의 합의 $\frac{1}{2}$일 때, 지우개를 모두 모아 9개씩 상자에 담으려고 합니다. 지우개 한 상자는 900원, 상자에 담고 남은 지우개 한 개는 150원에 모두 판매한다면 판매 금액은 얼마입니까? (단, 상자에 담은 지우개는 낱개로 팔지 않습니다.)

기계별 지우개 생산량

기계	생산량
㉮	
㉯	
㉰	

■10개
■1개

(   )

조건을 이용하여 모르는 자료의 양을 구한다.

종류별 책의 수

종류	책의 수
동화책	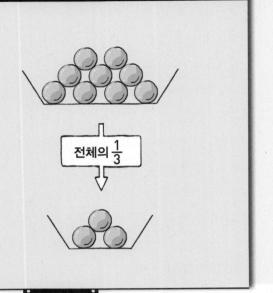
과학책	
위인전	

■100권
■10권

과학책이 동화책의 $\frac{1}{3}$만큼 있고,

위인전은 과학책보다 50권 적다면

➡ (과학책)=(420권의 $\frac{1}{3}$)=140(권)

(위인전)=140−50=90(권)

대표문제 6

가희네 마을의 아파트별 가구 수를 조사하여 그림그래프로 나타내었습니다. 무궁화 아파트의 가구 수를 구하시오.

아파트별 가구 수

아파트	가구 수
달빛	
초원	
무궁화	
태양	

🏠100가구 🏠10가구

• 달빛 아파트의 가구 수는 초원 아파트의 가구 수보다 140가구 더 적습니다.
• 태양 아파트의 가구 수는 달빛 아파트의 가구 수의 $\frac{5}{7}$입니다.
• 무궁화 아파트의 가구 수는 태양 아파트의 가구 수보다 120가구 많습니다.

초원 아파트의 가구 수는 🏠 ☐개, 🏠 ☐개이므로 ☐가구입니다.

달빛 아파트의 가구 수는 ☐−140=☐(가구)입니다.

태양 아파트의 가구 수는 ☐가구의 $\frac{5}{7}$이므로 ☐÷7×☐=☐(가구)입니다.

따라서 무궁화 아파트의 가구 수는 ☐+120=☐(가구)입니다.

6-1 진희네 모둠 학생들이 가지고 있는 사탕 수를 조사하여 그림그래프로 나타내었습니다. 은하가 가지고 있는 사탕은 몇 개입니까?

학생별 사탕 수

이름	사탕 수
진희	
민우	
정현	
은하	

🍬10개 🍬1개

- 민우는 사탕을 정현이의 $\frac{3}{4}$만큼 가지고 있습니다.
- 진희는 사탕을 민우보다 12개 더 적게 가지고 있습니다.
- 은하는 사탕을 진희보다 16개 더 많이 가지고 있습니다.

(   )

6-2 문구점에 있는 색연필을 색깔별로 조사하여 그림그래프로 나타내었습니다. 노란색 색연필은 빨간색 색연필의 $\frac{5}{6}$이고, 초록색 색연필은 보라색 색연필보다 140자루 많습니다. 파란색 색연필은 초록색 색연필보다 50자루 더 적을 때, 문구점에 있는 색연필은 모두 몇 자루입니까?

색깔별 색연필 수

색깔	노란색	보라색	파란색	초록색	빨간색
색연필 수					

✏100자루
✏10자루

(   )

6-3 모둠별 딸기 수확량을 조사하여 그림그래프로 나타내었습니다. 예진이네 모둠은 현우네 모둠보다 8 kg 더 적게 땄고, 찬영이네 모둠은 현우네 모둠과 예진이네 모둠의 딸기 수확량의 합의 $\frac{5}{8}$를 땄습니다. 현우네 모둠이 전체의 $\frac{1}{4}$을 땄을 때, 그림그래프를 완성하시오.

모둠별 딸기 수확량

모둠	딸기 수확량
현우네	
예진이네	
아인이네	
찬영이네	

🍓10 kg
🍓1 kg

MATH MASTER

1 예은이가 TV를 본 시간을 조사하여 그림그래프로 나타내었습니다. 4주 동안 TV를 본 시간이 모두 45시간일 때, TV를 가장 많이 본 주와 가장 적게 본 주의 차는 몇 시간입니까?

주별 TV를 본 시간

주	시간
1주	
2주	
3주	
4주	

📺10시간
📺 1시간

(   )

2 현우의 휴대 전화 사용 시간을 조사하여 표로 나타내었습니다. 월요일에 통화한 시간은 수요일보다 6초 짧았습니다. 전화 요금이 초당 2원일 때, 휴대 전화 사용 시간이 가장 긴 날의 전화 요금은 얼마입니까?

요일별 휴대 전화 사용 시간

요일	월	화	수	목	금	합계
시간(초)		147		221	196	950

(   )

3 인호네 모둠 학생들이 접은 종이비행기 수를 조사하여 표로 나타내었습니다. 준서가 접은 종이비행기 수는 인호가 접은 종이비행기 수보다 7개 더 많고 영아가 접은 종이비행기 수는 준서가 접은 종이비행기 수의 $\frac{5}{6}$일 때, 현욱이가 접은 종이비행기는 몇 개입니까?

학생별 접은 종이비행기 수

이름	인호	현욱	준서	영아	합계
종이비행기 수(개)	29				130

(   )

4 나무별 감 생산량을 조사하여 그림그래프로 나타내었습니다. ⓁⒷ 나무의 감 생산량은 ⓀⒶ 나무 와 ⓃⒸ 나무의 감 생산량의 합의 절반이고, ⓀⒶ 나무의 감 생산량은 전체 감 생산량의 $\frac{1}{4}$ 입 니다. ⓇⒹ 나무의 감 생산량은 몇 개입니까?

나무별 감 생산량

나무	생산량
ⓐ	🟤🟤 ○○○○
ⓑ	
ⓒ	🟤🟤 ○○○○○○○
ⓓ	

🟤 100개
○ 10개

(   )

5 진호네 모둠 학생들이 먹은 도넛 수를 조사하여 표와 그림그래프로 나타내었습니다. 태우 가 먹은 도넛의 수는 규현이가 먹은 도넛 수의 $\frac{3}{4}$ 일 때, 그림그래프를 완성하시오.

학생별 먹은 도넛 수

이름	진호	수경	태우	은영	규현	합계
도넛 수(개)	13			21		90

학생별 먹은 도넛 수

이름	도넛 수
진호	◉◉◎◎◎
수경	
태우	
은영	
규현	◉◉◉◉◎◎◎◎

◉ ☐개
◎ 1개

6 3학년 반별 안경을 쓴 학생 수를 조사하여 그림그래프로 나타내었습니다. 2반의 안경을 쓴 학생 수는 5반의 안경을 쓴 학생 수의 $\frac{2}{3}$이고, 4반의 안경을 쓴 학생 수는 2반과 3반의 안경을 쓴 학생 수의 합의 $\frac{4}{9}$입니다. 안경을 쓴 3학년 전체 학생 수를 구하시오.

반별 안경을 쓴 학생 수

반	학생 수
1반	☺ ☺ ☺
2반	
3반	☺ ☺ ☺ ☺
4반	
5반	☺ ☺ ☺ ☺ ☺

☺5명
☺1명

( )

7 우영이네 모둠 학생들이 가지고 있는 구슬 수를 조사하여 그림그래프로 나타내었습니다. 우영이가 가지고 있는 구슬은 연희가 가진 구슬보다 24개 더 적고, 민수가 가지고 있는 구슬은 재진이와 연희가 가진 구슬 수의 합의 $\frac{1}{2}$입니다. 구슬 한 상자에 구슬 15개가 들어 있을 때, 구슬을 가장 적게 가지고 있는 사람은 누구입니까?

학생별 구슬 수

이름	구슬 수
우영	
재진	▨ ▨ ▨ ▨ ●●●●●●●●●
연희	▨ ▨ ▨ ▨ ▨ ▨
민수	

▨1상자
●1개

( )

8 하영이네 반에서 본 수행평가의 점수별 학생 수를 조사하여 그림그래프로 나타내었습니다. 총 4문제의 배점은 1번이 10점, 2번이 20점, 3번이 30점, 4번이 40점입니다. 2번을 맞힌 학생이 17명이라면 두 문제만 맞힌 학생은 몇 명입니까?

점수별 학생 수

점수	학생 수
100점	😊😊
90점	😊😊😊😊😊😊😊😊
80점	😊😊😊😊😊
70점	😊

😊 10명
😊 1명

(   )

9 소정, 시윤, 연경이의 몸무게에 대한 설명입니다. 학생별 몸무게를 그림그래프로 나타내시오.

- 소정이의 몸무게의 $\frac{2}{3}$ 는 18 kg입니다.
- 시윤이의 몸무게의 $\frac{1}{2}$ 과 소정이의 몸무게의 $\frac{7}{9}$ 은 같습니다.
- 연경이의 몸무게의 $\frac{8}{11}$ 과 시윤이의 몸무게의 $\frac{4}{7}$ 는 같습니다.

학생별 몸무게

이름	몸무게
소정	
시윤	
연경	

● 10 kg
● 1 kg

1부터 시작하여 순서대로 8까지 선을 그어 보세요.
(단, 대각선(＼ , ／)으로 선을 그으면 안 돼요.)

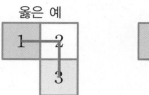

옳은 예

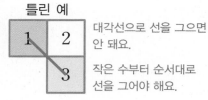

틀린 예

대각선으로 선을 그으면
안 돼요.

작은 수부터 순서대로
선을 그어야 해요.

				8				
			7	7	7			
		6	5	4	5	6		
	6	5	4	5	4	5	6	
7	5	4	3	2	3	4	4	7
8	6	5	3	2	1	3	6	6	7	8
7	6	4	3	2	3	4	5	7
	6	5	4	3	4	5	6	
	6	5	7	7	6			
		7	7	7				
			8					

디딤돌과 함께하는 4가지 방법

NAVER 카페

http://cafe.naver.com/
didimdolmom

교재 선택부터 맞춤 학습 가이드,
이웃맘과 선배맘들의 경험담과 정보까지
가득한 디딤돌 학부모 대표 커뮤니티

디딤돌 홈페이지

www.didimdol.co.kr

교재 미리 보기와 정답지, 동영상 등
각종 자료들을 만날 수 있는
디딤돌 공식 홈페이지

Instagram

@didimdol_mom

카드 뉴스로 만나는 디딤돌 소식과
손쉽게 참여 가능한 리그램 이벤트가
진행되는 디딤돌 인스타그램

YouTube

검색창에 디딤돌교육 검색

생생한 개념 설명 영상과
문제 풀이 영상으로 학습에 도움을 주는
디딤돌 유튜브 채널

상위권의 기준

최상위 수학 S

복습책

상위권의 기준

최상위
수학
S

복습책

디딤돌

S 1

176에 어떤 수를 곱해야 할 것을 잘못하여 어떤 수를 뺐더니 168이 되었습니다. 바르게 계산하면 얼마가 됩니까?

(   )

S 2

민지는 90원짜리 껌 13개와 625원짜리 초콜릿 6개를 사고 5000원을 냈습니다. 민지가 받아야 할 거스름돈은 얼마입니까?

(   )

S 3

곧게 뻗은 산책로의 한쪽에 처음부터 끝까지 나무가 7 m 간격으로 심어져 있습니다. 한쪽에 심은 나무가 모두 34그루라면 산책로의 길이는 몇 m입니까? (단, 나무의 두께는 생각하지 않습니다.)

(   )

S 4

□ 안에 들어갈 수 있는 한 자리 수를 모두 구하시오.

$$155 \times \square > 27 \times 35$$

(   )

창의 **5** ■와 ▲에 알맞은 수를 각각 구하시오.

$$3\blacksquare \times \blacktriangle 7 = 2613$$

■ (   ), ▲ (   )

창의 **6** 연속하는 세 자연수의 합이 45입니다. 이 세 수 중 가장 큰 수와 가장 작은 수의 합의 3배를 구하시오.

(   )

창의 **7** 수 카드 4, 8, 6, 3 을 모두 한 번씩 사용하여 (몇십몇)×(몇십몇)을 계산하려고 합니다. 가장 큰 곱과 가장 작은 곱의 합을 구하시오.

(   )

창의 **8** $1+2+3+\cdots\cdots+12+13=91$임을 이용하여 다음 덧셈식을 곱셈식으로 나타내어 계산하시오.

$$13+26+39+\cdots\cdots+156+169=\boxed{}\times\boxed{}=\boxed{}$$

1 곱셈

본문 30~32쪽의 유사문제입니다. 한 번 더 풀어 보세요.

1 한 상자에 40개씩 들어 있는 구슬이 20상자 있습니다. 이 구슬을 학생 124명에게 5개씩 나누어 준다면 구슬은 몇 개가 남겠습니까?

(   )

2 정진이는 9월 1일부터 12월 15일까지 매일 수학 문제를 8개씩 풀었습니다. 정진이가 이 기간 동안 푼 수학 문제는 모두 몇 개입니까?

(   )

3 혜진이와 이모의 나이의 합은 47이고 나이의 차는 23입니다. 이모의 나이가 더 많을 때 혜진이와 이모의 나이의 곱은 얼마입니까?

(   )

4 ㉠▲㉡$=$(㉠$\times$㉡)$-$(㉠$+$㉡)으로 약속할 때 다음을 계산하시오.

$$156 ▲ 8$$

(   )

5 효린이가 국어책을 펼쳤더니 펼친 두 면의 쪽수의 합이 137이었습니다. 펼친 두 면의 쪽수의 곱은 얼마입니까?

( )

6 어느 문구점에서 연필 한 자루를 225원에 사 와서 400원에 팔았고, 자 한 개를 140원에 사 와서 200원에 팔았습니다. 연필 7자루와 자 34개를 팔았을 때의 이익은 모두 얼마입니까?

( )

7 길이가 35 cm인 색 테이프를 9 cm씩 겹쳐서 다음과 같이 한 줄로 이어 붙이려고 합니다. 이어 붙인 색 테이프가 17장이라면 이어 붙인 색 테이프의 전체 길이는 몇 cm입니까?

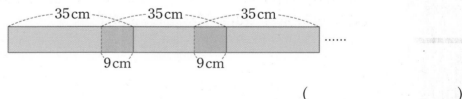

( )

8 어느 공장에서 하루에 생산하는 세발자전거는 17대입니다. 이 공장에서 7주 동안 하루도 빠짐없이 세발자전거를 생산한다면 세발자전거의 바퀴는 모두 몇 개 필요합니까?

( )

9 서연이네 학교의 여자 어린이를 8명씩 29줄로 세우면 2명이 부족하고, 남자 어린이를 12명씩 23줄로 세우면 4명이 남습니다. 서연이네 학교 어린이는 모두 몇 명입니까?

( )

[10~11] 보기 와 같은 방법으로 계산하려고 합니다. 물음에 답하시오.

> 보기
>
> • 세 자리 수를 생각하여 각 자리 숫자를 곱합니다.
> • 각 자리 숫자의 곱이 한 자리 수가 될 때까지 계속 반복합니다.
> 예 $428 \rightarrow 4 \times 2 \times 8 = \boxed{64}$, $64 \rightarrow 6 \times 4 = \boxed{24}$, $24 \rightarrow 2 \times 4 = \boxed{8}$

10 ☐ 안에 알맞은 수를 써넣으시오.

(1) $948 \rightarrow \boxed{} \rightarrow \boxed{} \rightarrow \boxed{} \rightarrow \boxed{}$

(2) $\boxed{} \rightarrow 343 \rightarrow \boxed{} \rightarrow \boxed{} \rightarrow \boxed{}$

11 ㉠에 알맞은 수의 개수를 구하시오.

> $㉠ \rightarrow 18 \rightarrow 8$

( )

12 소미와 선희는 운동장의 같은 지점에서 동시에 출발하여 서로 반대 방향으로 운동장 둘레를 걸었습니다. 1분 동안 소미는 70 m, 선희는 85 m를 가는 빠르기로 걸었더니 두 사람은 3분 후에 처음으로 만났습니다. 소미와 선희가 6번째로 만났을 때 걷는 것을 멈췄다면 소미와 선희가 걸은 거리의 합은 몇 m입니까?

( )

본문 40~55쪽의 유사문제입니다. 한 번 더 풀어 보세요.

S 1 3권씩 묶음으로만 파는 공책이 132권 있습니다. 이 공책을 9개의 모둠에 남는 것 없이 똑같이 나누어 주려고 합니다. 공책은 적어도 몇 묶음 더 사야 합니까?

(   )

S 2 어떤 수를 7로 나누었더니 몫은 11이고 나머지는 나올 수 있는 수 중 가장 큰 수였습니다. 어떤 수를 5로 나누었을 때의 몫과 나머지를 각각 구하시오.

몫 (   )

나머지 (   )

S 3 ☐ 안에 알맞은 수를 써넣으시오.

4 두 자리 수 중에서 8로 나누었을 때 나머지가 2인 가장 큰 수를 구하시오.

( )

5 오른쪽 그림과 같이 정사각형 모양의 색종이를 똑같은 직사각형 모양 4조각으로 잘랐습니다. 자른 직사각형 모양의 둘레가 80 cm일 때, 처음 정사각형 모양의 둘레는 몇 cm입니까?

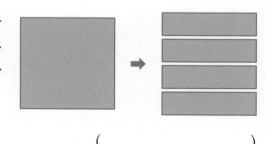

( )

6 다음 조건을 모두 만족하는 수를 구하시오.

> • 80보다 크고 90보다 작습니다.
> • 6으로 나누면 나누어떨어집니다.

( )

7 ㉮ 지점에서 ㉯ 지점까지 가는 길의 양쪽에 처음부터 끝까지 일정한 간격으로 나무가 16 그루 심어져 있습니다. ㉮ 지점과 ㉯ 지점 사이의 거리가 210 m라면 나무 사이의 간격은 몇 m입니까? (단, 나무의 두께는 생각하지 않습니다.)

( )

8 왼쪽 도형은 크기가 같은 정사각형 4개를 겹치지 않게 이어 붙여서 만든 도형이고, 오른 쪽 육각형은 모든 변의 길이가 같습니다. 두 도형의 둘레의 길이가 서로 같을 때 육각형의 한 변의 길이는 몇 cm입니까?

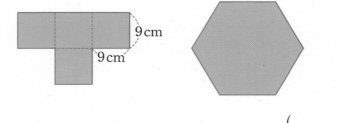

( )

본문 56~58쪽의 유사문제입니다. 한 번 더 풀어 보세요.

1 수 카드 [3], [4], [8]을 모두 한 번씩 사용하여 (몇십몇)÷(몇)의 나눗셈식을 만들어 계산하려고 합니다. 나누어떨어지는 나눗셈식은 모두 몇 개 만들 수 있습니까?

(   )

2 자두 따기 체험 행사에서 희주는 자두를 47개, 우영이는 37개 땄습니다. 두 사람이 딴 자두를 봉지 7개에 똑같이 나누어 담은 다음 그중 1봉지를 똑같이 나누어 먹었습니다. 희주가 먹은 자두는 몇 개입니까?

(   )

3 오른쪽 도형은 둘레가 448 cm인 정사각형을 똑같은 직사각형 8개로 나눈 것입니다. 작은 직사각형의 세로는 몇 cm입니까?

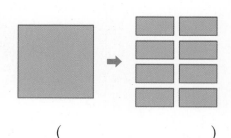

(   )

4 길이가 16 cm인 색 테이프 9장을 일정한 길이만큼 겹쳐서 한 줄로 이어 붙였더니 전체 길이가 56 cm가 되었습니다. 색 테이프를 몇 cm씩 겹쳐서 이어 붙였습니까?

(   )

5 세 어린이가 카드에 적힌 수를 보고 설명한 것입니다. 카드에 적힌 수는 무엇입니까?

현진	지유	은우
70보다 크고 90보다 작은 수야!	이 수를 6으로 나누면 나누어떨어져.	이 수를 9로 나누면 나머지가 3이 돼!

(   )

6 민지와 현석이는 6주 동안 종이학을 672개 접었습니다. 두 사람이 하루에 접은 종이학의 수가 일정하고 서로 같았다면 민지가 하루에 접은 종이학은 몇 개입니까?

(   )

7 오른쪽 그림과 같이 직사각형 모양의 땅에 말뚝을 박아 울타리를 만들려고 합니다. 말뚝 사이의 간격을 4 m로 한다면 울타리를 만드는 데 필요한 말뚝은 모두 몇 개입니까? (단, 땅의 꼭짓점 부분에는 반드시 말뚝을 박습니다.)

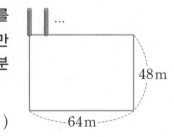
48m
64m

(   )

8 다음 두 식을 만족하는 ●, ▲의 값을 구하시오. (단, 같은 모양은 같은 수를 나타냅니다.)

$$●×▲=384 \qquad ●÷▲=6$$

● (   ), ▲ (   )

9 호두 6개의 무게는 $84\,g$이고, 호두 4개와 밤 5개의 무게는 $116\,g$입니다. 밤 1개의 무게는 몇 g입니까? (단, 호두와 밤의 무게는 각각 서로 같습니다.)

(   )

10 장난감을 ㉮ 기계는 3분 동안 42개 만들고, ㉯ 기계는 4분 동안 48개 만듭니다. 두 기계를 동시에 켜서 장난감을 만들기 시작하여 ㉮ 기계가 ㉯ 기계보다 장난감을 66개 더 많이 만들었을 때 두 기계를 동시에 껐습니다. 두 기계가 켜져 있던 시간은 몇 분입니까?

(   )

11 찬우네 학교 3학년 학생을 7명씩 모둠을 만들면 3명이 남습니다. 이 학생들을 다시 9명씩 모둠을 만들면 남는 학생이 없습니다. 찬우네 학교 3학년 학생들이 150명보다 많고 180명보다 적을 때, 이 학생들을 8명씩 모둠을 만들면 몇 명이 남겠습니까?

(   )

본문 64~79쪽의 유사문제입니다. 한 번 더 풀어 보세요.

S 1 **오른쪽 원에 대한 설명입니다. 틀린 것을 모두 찾아 기호를 쓰시오.**

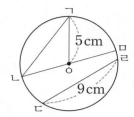

> ㉠ 원의 지름은 선분 ㄴㅁ으로 10 cm입니다.
> ㉡ 원의 반지름을 나타내는 선분은 모두 1개입니다.
> ㉢ 선분 ㄱㄴ의 길이는 5 cm보다 길고 10 cm보다 짧습니다.
> ㉣ 원을 똑같이 나누는 선분의 길이는 9 cm입니다.

( )

S 2 **오른쪽 그림은 원 안에 직사각형을 그리고, 원 밖에 정사각형을 그린 것입니다. 직사각형의 둘레는 84 cm이고 가로는 세로보다 6 cm 더 깁니다. 선분 ㄱㅇ이 변 ㄱㄴ보다 3 cm 더 짧을 때 정사각형의 둘레는 몇 cm입니까?**

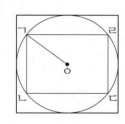

( )

S 3 **소민이는 정사각형 안에 반지름이 4 cm인 원을 겹치지 않게 최대한 많이 그렸습니다. 소민이가 그린 원이 36개이고 정사각형의 각 변에 원이 맞닿았다면 이 정사각형 안에 그릴 수 있는 가장 큰 원의 지름은 몇 cm입니까?**

( )

4 오른쪽 그림에서 두 원의 중심은 일직선 위에 있습니다. 작은 원의 반지름이 4 cm일 때 정사각형의 둘레는 몇 cm입니까?

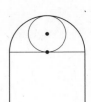

(   )

5 오른쪽 그림은 둘레가 60 cm인 직사각형의 각 꼭짓점을 중심으로 크기가 같은 원의 일부를 그려 색칠한 것입니다. 원의 반지름은 몇 cm입니까?

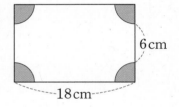

6 cm
18 cm

(   )

6 오른쪽 그림에서 두 원은 크기가 같고 서로 다른 원의 중심을 지납니다. 색칠한 삼각형의 둘레가 12 cm일 때 직사각형의 둘레는 몇 cm입니까?

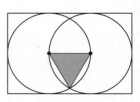

(   )

7 오른쪽 그림에서 삼각형 ㄱㄴㄷ의 둘레는 39 cm입니다. 세 원의 반지름의 합은 몇 cm입니까?

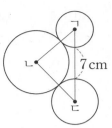

(   )

8 다음 그림은 지름이 12 cm인 원을 다른 원의 중심을 지나도록 그린 것입니다. 선분 ㄱㄴ의 길이가 96 cm라면 원을 몇 개 그렸습니까?

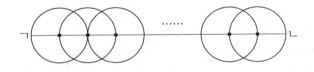

(   )

본문 80~82쪽의 유사문제입니다. 한 번 더 풀어 보세요.

1 오른쪽 그림은 컴퍼스의 침을 고정시키고 크기가 다른 원을 그린 것입니다. 세 원의 지름이 각각 4 cm, 10 cm, 12 cm일 때 ㉠, ㉡의 길이를 각각 구하시오.

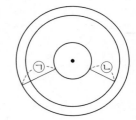

㉠ (   ), ㉡ (   )

2 오른쪽 그림에서 찾을 수 있는 원의 중심은 모두 몇 개입니까?

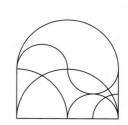

(   )

3 컴퍼스로 오른쪽 모양과 같이 큰 원 안에 크기가 같은 작은 원 3개를 서로 맞닿게 그리려고 합니다. 큰 원의 지름이 36 cm일 때 작은 원을 그리려면 컴퍼스의 침과 연필 사이를 몇 cm만큼 벌려야 합니까?

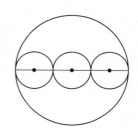

(   )

4 오른쪽 그림은 지름이 각각 26 cm, 20 cm인 두 원을 서로 겹치게 그린 것입니다. 선분 ㄱㄹ의 길이가 18 cm일 때 선분 ㄴㄷ의 길이는 몇 cm입니까?

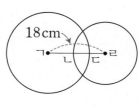

(   )

5 오른쪽 그림은 크기가 같은 원 4개를 서로 맞닿게 그린 것입니다. 사각형 ㄱㄴㄷㄹ의 둘레가 48 cm일 때 원의 지름은 몇 cm입니까?

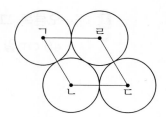

(   )

6 오른쪽 그림은 직사각형 안에 큰 원과 크기가 같은 원 3개를 서로 맞닿게 그린 것입니다. 작은 원의 반지름은 몇 cm입니까? (단, 네 원의 중심들은 일직선 위에 있습니다.)

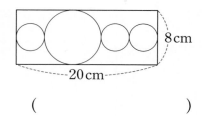

(   )

7 오른쪽 그림에서 네 원의 크기는 같습니다. 선분 ㄱㄴ의 길이가 24 cm일 때 색칠한 사각형의 둘레는 몇 cm입니까?

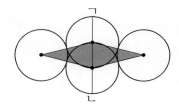

(   )

8 주호는 모양과 크기가 같은 색종이 2장에 크기가 같은 원을 그리려고 합니다. 색종이 1장에는 오른쪽 그림과 같이 원을 그렸고, 다른 1장에는 반지름이 1 cm인 원을 겹치지 않게 그리려고 합니다. 반지름이 1 cm인 원을 몇 개까지 그릴 수 있습니까?

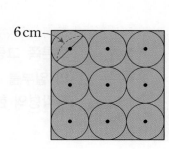

(   )

9 오른쪽 그림에서 세 원의 크기는 모두 같습니다. 삼각형의 둘레가 46 cm일 때 ㉠의 길이는 몇 cm입니까?

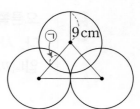

( )

10 다음 그림은 직사각형 안에 크기가 같은 원을 다른 원의 중심을 지나도록 그린 것입니다. 직사각형의 둘레가 72 cm일 때, 원의 개수를 구하시오.

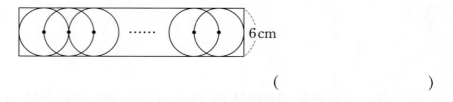

( )

11 오른쪽 그림은 정사각형의 네 꼭짓점을 각각 중심으로 하는 원의 일부를 그린 것입니다. 가장 큰 원의 지름이 56 cm일 때 정사각형의 한 변은 몇 cm입니까?

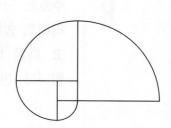

( )

본문 88~103쪽의 유사문제입니다. 한 번 더 풀어 보세요.

S 1 철사 $\dfrac{141}{13}$ m를 1 m씩 자르면 모두 몇 도막이 됩니까?

(   )

S 2 다정이네 반 학생 24명 중에서 동생이 있는 학생은 전체의 $\dfrac{5}{8}$ 이고 남동생이 있는 학생은 동생이 있는 학생의 $\dfrac{2}{5}$ 입니다. 남동생과 여동생이 모두 있는 학생은 없다고 할 때, 남동생과 여동생 중 어느 동생을 가진 학생이 몇 명 더 많습니까?

(,   )

S 3 ☐ 안에 들어갈 수 있는 자연수의 합을 구하시오.

$$5\dfrac{4}{7} < \dfrac{\square}{7} < 6\dfrac{2}{7}$$

(   )

▲에 알맞은 수를 구하시오.

> - ●의 $\dfrac{5}{6}$는 30입니다.
> - ▲의 $\dfrac{6}{8}$은 ●입니다.

(   )

세 분수를 큰 수부터 차례로 쓰시오.

> $\dfrac{319}{320}$, $\dfrac{584}{585}$, $\dfrac{199}{200}$

(   )

다음과 같은 규칙으로 분수를 늘어놓을 때, 30번째에 놓일 분수를 대분수로 나타내시오.

> $\dfrac{3}{2}$, $\dfrac{6}{3}$, $\dfrac{9}{4}$, $\dfrac{12}{5}$, $\dfrac{15}{6}$ ……

(   )

7 영지가 공을 64 m의 높이에서 떨어뜨렸더니 첫 번째는 떨어뜨린 높이의 $\dfrac{5}{8}$만큼 튀어 오르고, 두 번째는 첫 번째에 튀어 오른 높이의 $\dfrac{3}{5}$만큼 튀어 올랐습니다. 이 공이 세 번째로 땅에 닿을 때까지 움직인 거리는 모두 몇 m입니까?

(   )

8 다음은 분모가 8인 가분수를 대분수로 나타낸 것으로 ㉠㉡은 두 자리 수를 나타냅니다. ㉠, ㉡, ㉢, ㉣에 분모 8을 제외한 1부터 9까지의 숫자를 한 번씩만 넣을 때, ㉢에 3을 넣는 경우 나올 수 있는 식을 모두 쓰시오.

$$\frac{㉠㉡}{8} = ㉢\frac{㉣}{8}$$

(   )

1 수민이는 하루의 $\frac{1}{4}$은 학교에서 보내고, 하루의 $\frac{1}{6}$은 학원에서 보내고, 하루의 $\frac{1}{8}$은 친구들과 놀이터에서 놉니다. 수민이가 하루를 보낼 때, 학교, 학원, 놀이터를 제외한 시간은 몇 시간입니까?

( )

2 희태가 동화책 한 권을 3일 동안 모두 읽었습니다. 첫째 날은 48쪽을 읽었고, 둘째 날은 첫째 날 읽은 쪽수의 $\frac{7}{8}$보다 3쪽 더 많이 읽었고, 셋째 날은 둘째 날 읽은 쪽수의 $\frac{5}{9}$보다 2쪽 더 적게 읽었습니다. 동화책은 모두 몇 쪽입니까?

( )

3 재경이네 반 학생은 32명입니다. 이 중에서 안경을 쓴 남학생은 전체의 $\frac{1}{4}$이고, 나머지의 $\frac{5}{12}$는 안경을 쓴 여학생입니다. 안경을 쓰지 않은 학생은 몇 명입니까?

( )

4 5장의 수 카드 중 2장을 골라 만들 수 있는 가장 큰 가분수를 대분수로 나타내어 보시오.

2   4   6   7   9

( )

5 연필 1타는 12자루입니다. 연필 6타를 현준이는 전체의 $\frac{1}{8}$만큼, 우영이는 전체의 $\frac{2}{9}$만큼 나누어 가지려고 합니다. 누가 연필을 몇 자루 더 많이 가지게 됩니까?

(,   )

6 성신이가 집에서 3시 30분에 출발하여 4시 25분에 박물관에 도착하였습니다. 박물관까지 가는 데 지하철을 탄 시간은 전체의 $\frac{3}{5}$이고, 버스를 탄 시간은 전체의 $\frac{4}{11}$이고, 나머지는 걸은 시간입니다. 성신이가 걸은 시간은 몇 분입니까?

(   )

7 색종이 한 장의 $\frac{1}{2}$조각이 ①, $\frac{1}{4}$조각이 ②, $\frac{1}{8}$조각이 ③입니다. 주어진 모양을 ③으로만 만든다면 필요한 ③은 색종이 한 장의 얼마만큼인지 대분수로 나타내어 보시오.

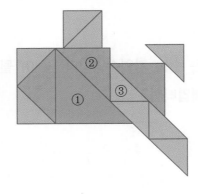

(   )

8 문정이네 가게에서 판매한 아이스크림 수의 $\dfrac{7}{9}$은 35개이고, 은형이네 가게에서 판매한 아이스크림 수는 문정이네 가게에서 판매한 아이스크림 수의 $1\dfrac{2}{5}$입니다. 은형이네 가게에서 판매한 아이스크림은 모두 몇 개입니까?

(   )

9 가분수 $\dfrac{\blacksquare}{7}$의 분자를 분모로 나누었더니 몫이 8이고 나머지가 5였습니다. 이 가분수의 분자와 분모의 차를 구하시오.

(   )

10 분모와 분자의 합이 51이고, 차가 7인 진분수를 구하시오.

(   )

11 ★, ▲에 알맞은 수는 자연수입니다. $\dfrac{★}{▲}$이 될 수 있는 분수 중 대분수로 나타낼 수 있는 것은 모두 몇 개입니까?

$$4\dfrac{6}{7} < \dfrac{★}{7} < 5\dfrac{3}{7} \qquad \dfrac{25}{6} < ▲\dfrac{5}{6} < \dfrac{38}{6}$$

(   )

12 일정한 빠르기로 타는 양초에 불을 붙이고 24분이 지난 후 양초의 길이를 재어 보니 처음 양초 길이의 $\dfrac{3}{7}$이 남았습니다. 남은 양초가 모두 타는 데 걸리는 시간은 몇 분입니까?

(   )

13 ㉠$\dfrac{6}{17}$을 가분수로 나타내려고 합니다. $3<㉠<6$일 때, 가분수의 분자가 될 수 있는 수들의 합을 구하시오.

(   )

14 조건을 모두 만족하는 세 분수 ㉠, ㉡, ㉢을 각각 구하시오.

> · 세 분수는 분모가 23인 진분수입니다.
> · 세 분수의 분자의 합은 30입니다.
> · ㉠의 분자는 ㉡의 분자보다 6 큽니다.
> · ㉢의 분자는 ㉡의 분자보다 3 작습니다.

㉠ (   ), ㉡ (   ), ㉢ (   )

15 조건을 만족하는 대분수 ㉠$\dfrac{㉡}{9}$은 모두 몇 개입니까?

> · ㉠$\dfrac{㉡}{9}<\dfrac{70}{9}$
> · ㉠은 ㉡보다 2 큰 수입니다.

(   )

S 1 민진이는 7 L들이 수조에 가득 들어 있는 물을 600 mL들이 컵으로 가득 담아 3번 퍼냈습니다. 남은 물의 양을 세 어린이가 다음과 같이 어림했다면 실제 남은 물의 양에 가장 가깝게 어림한 사람은 누구입니까?

> 효민: 5 L   경식: 5 L 400 mL   미주: 5 L 300 mL

( )

S 2 콩 3 kg 500 g과 팥 1 kg 600 g을 섞은 다음 그릇으로 같은 양씩 4번 덜어 냈습니다. 남은 콩과 팥이 2 kg 700 g이라면 그릇으로 1번 덜어 낸 콩과 팥은 몇 g입니까? (단, 매번 덜어 낸 무게는 같습니다.)

( )

S 3 그릇에 감자 5개를 넣고 무게를 재었더니 1 kg 450 g이었고, 감자 1개를 꺼낸 후 다시 무게를 재었더니 1 kg 200 g이었습니다. 이 그릇에 감자 8개를 넣고 무게를 재면 몇 kg 몇 g이 됩니까? (단, 감자 1개의 무게는 모두 같습니다.)

( )

S 4 떡 7 kg 중에서 900 g을 먹은 후 남은 떡을 두 봉지에 나누어 담았습니다. 큰 봉지와 작은 봉지에 담은 떡의 무게의 차가 300 g이라면 두 봉지에 담은 떡은 각각 몇 kg 몇 g입니까?

큰 봉지 ( ), 작은 봉지 ( )

5 한 상자에 20 kg인 사과 650상자와 15 kg인 복숭아 800상자를 트럭에 실으려고 합니다. 2 t까지 물건을 실을 수 있는 트럭은 적어도 몇 대 필요합니까?

( )

6 200 mL에 1200원 하는 딸기우유 700 mL와 500 mL에 1800원 하는 초코우유 1 L 500 mL를 사려고 합니다. 우유 값으로 모두 얼마를 내야 합니까?

( )

7 흰 쇠공 4개, 검정 쇠공 3개, 빨간 쇠공 1개의 무게의 합은 4 kg 200 g이고, 흰 쇠공 8개와 검정 쇠공 6개의 무게의 합에서 빨간 쇠공 1개의 무게를 빼면 7 kg 800 g입니다. 빨간 쇠공 1개의 무게는 몇 g입니까? (단, 같은 색 쇠공끼리는 무게가 같습니다.)

( )

8 물을 내보내는 장치가 되어 있는 수조에 1초에 350 mL의 물이 나오는 ㉮ 수도와 1초에 150 mL의 물이 나오는 ㉯ 수도를 동시에 틀어서 물을 받으려고 합니다. 물을 받기 시작할 때 수조에서 물을 내보내는 장치를 열어 물을 내보냈더니 40초 후에 수조에 물이 가득 찼습니다. 수조의 들이가 10 L라면 물을 1초에 몇 mL씩 내보냈습니까?

( )

5 들이와 무게

본문 130~132쪽의 유사문제입니다. 한 번 더 풀어 보세요.

1 혜린이네 냉장고에 우유가 1 L 400 mL, 주스가 1 L 700 mL 있었습니다. 혜린이네 가족이 우유와 주스를 마신 후 남은 우유와 주스의 양은 각각 800 mL, 900 mL이었습니다. 혜린이네 가족이 마신 우유와 주스는 모두 몇 L 몇 mL입니까?

(   )

2 미란이가 토끼를 안고 무게를 재면 34 kg 400 g이고, 고양이를 안고 무게를 재면 35 kg 900 g입니다. 토끼의 무게가 3 kg 700 g이면 고양이의 무게는 몇 kg 몇 g입니까?

(   )

3 사이다 1 L 500 mL를 동수, 정인, 슬기가 모두 나누어 마셨습니다. 동수는 정인이보다 80 mL, 정인이는 슬기보다 80 mL 더 많이 마셨다면 정인이가 마신 사이다는 몇 mL입니까?

(   )

4 2 t까지 물건을 실을 수 있는 트럭이 있습니다. 이 트럭에 무게가 25 kg인 물건을 60개 실었다면 무게가 10 kg인 물건은 몇 개까지 실을 수 있습니까?

(   )

5 세 어린이가 똑같은 음료수를 1병씩 사서 각자 가지고 있는 컵에 남김없이 가득 따랐더니 컵을 사용한 횟수가 다음과 같았습니다. 수인이의 컵의 들이가 120 mL라면 가장 작은 컵은 누구의 컵이고 컵의 들이는 몇 mL입니까?

이름	수인	민희	정연
횟수	6번	4번	9번

(,   )

6 자두 4개의 무게는 사과 1개의 무게와 같고, 복숭아 3개의 무게는 사과 2개의 무게와 같습니다. 자두 1개의 무게가 150 g일 때, 복숭아 7개의 무게는 몇 kg 몇 g입니까? (단, 같은 과일끼리는 무게가 같습니다.)

(   )

서술형 **7** 양팔저울과 200 g짜리, 350 g짜리 추가 각각 3개씩 있습니다. 양팔저울에 이 추들을 여러 개 사용하여 250 g짜리 가지를 고르는 방법을 설명하시오.

설명 ....

....

....

8 들이가 9 L인 물통에 물이 절반만큼 들어 있습니다. 이 물통에 5초에 1250 mL의 물이 나오는 수도로 물을 넣으려고 합니다. 물통에 물을 가득 넣는 데 걸리는 시간은 몇 초입니까?

(   )

9 무게가 같은 의자 60개를 트럭에 싣고 트럭을 포함한 전체 무게를 재었더니 1.6 t이었습니다. 다시 이 트럭에 똑같은 의자 40개를 더 싣고 전체 무게를 재었더니 2.2 t이었습니다. 빈 트럭의 무게는 몇 kg입니까?

(   )

10 ㉮, ㉯, ㉰ 세 그릇이 있습니다. ㉰ 그릇의 들이는 ㉮와 ㉯ 그릇의 들이를 합한 것과 같습니다. 주전자에 물을 가득 채우는 데 ㉮ 그릇만 사용하면 12번, ㉯ 그릇만 사용하면 4번 부어야 합니다. ㉰ 그릇만 사용하면 몇 번 부어야 합니까?

(   )

11 ㉮와 ㉯ 두 그릇에 물을 가득 담아 부으면 3 L, ㉮와 ㉰ 두 그릇에 물을 가득 담아 부으면 2 L 600 mL, ㉯와 ㉰ 두 그릇에 물을 가득 담아 부으면 2 L 200 mL입니다. ㉮, ㉯, ㉰ 세 그릇의 들이를 각각 구하시오.

㉮ 그릇 (   )
㉯ 그릇 (   )
㉰ 그릇 (   )

본문 138~149쪽의 유사문제입니다. 한 번 더 풀어 보세요.

1 형운이네 학교 3학년 학생들이 받고 싶은 선물을 조사하여 표로 나타내었습니다. 교내 수학 경시 대회 상품으로 무엇을 준비하는 것이 좋겠습니까?

받고 싶은 선물 종류별 학생 수

종류	캐릭터 카드	팽이	변신 로봇	비밀 쥬쥬	보드게임	합계
1반의 학생 수(명)	5		3	6	7	25
2반의 학생 수(명)	3	7	3	2	8	23
3반의 학생 수(명)	4	3	5	6	7	25
4반의 학생 수(명)	3	5		4	8	26

( )

2 재윤이네 학교 3학년의 반별 학급 문고 수를 그림그래프로 나타내었습니다. 4반의 학급 문고의 수가 260권이라면 3학년 1반부터 5반까지의 전체 학급 문고 수는 몇 권입니까?

반별 학급 문고 수

반	학급 문고 수
1반	📕📕📕📖
2반	📕📕📕📖📖📖📖
3반	📕📕📖📖📖📖📖📖
4반	📕📕📖📖📖📖📖📖
5반	📕📕📕📕📖📖📖📖📖📖

( )

지역별 쌀 수확량을 조사하여 표와 그림그래프로 나타내었습니다. 푸른 지역의 수확량과 한빛 지역의 수확량이 같을 때 숲속 지역의 수확량이 푸른 지역의 수확량과 같아지려면 몇 가마니를 더 수확해야 합니까?

지역별 쌀 수확량

지역	수확량(가마니)
푸른	
숲속	150
나루	
한빛	
합계	840

지역별 쌀 수확량

지역	수확량
푸른	
숲속	
나루	
한빛	

100가마니
10가마니

(   )

어느 날의 가게별 케이크 판매량을 조사하여 표로 나타내었습니다. 다 가게의 판매량은 가와 나 가게의 판매량 합의 $\frac{1}{2}$이고, 라 가게의 판매량은 다 가게의 판매량보다 4개 적습니다. 네 가게의 케이크 판매량의 합을 구하시오.

가게별 케이크 판매량

가게	가	나	다	라	합계
판매량(개)	26	42			

(   )

5 기계별 자 생산량을 조사하여 그림그래프로 나타내었습니다. ④ 기계의 생산량은 ② 기계 와 ⑤ 기계의 자 생산량의 합의 $\frac{1}{2}$일 때 자를 모두 모아 8개씩 상자에 담으려고 합니다. 자 한 상자는 600원, 한 개는 120원에 판매한다면 모두 팔았을 때의 판매 금액은 얼마입 니까? (단, 상자에 담은 자는 낱개로 팔지 않습니다.)

기계별 자 생산량

기계	생산량
②	
④	
⑤	

10개
1개

( )

6 문구점에 있는 색깔별 색종이의 수를 조사하여 그림그래프로 나타내었습니다. 노란색은 검정색의 $\frac{4}{5}$이고, 파란색은 노란색과 빨간색의 합의 $\frac{3}{4}$입니다. 주황색은 파란색보다 30 장 더 적을 때 문구점에 있는 색종이는 모두 몇 장입니까?

색깔별 색종이 수

색깔	노란색	빨간색	파란색	주황색	검정색
색종이 수					

100장
10장

( )

6 자료의 정리

본문 150~153쪽의 유사문제입니다. 한 번 더 풀어 보세요.

1 마을별 초등학생 수를 조사하여 그림그래프로 나타내었습니다. 전체 초등학생 수가 920명일 때 초등학생이 가장 많은 마을과 가장 적은 마을의 차는 몇 명입니까?

마을별 초등학생 수

마을	초등학생 수
가	😊 😊
나	😊 😊 ☺ ☺ ☺ ☺ ☺
다	😊 😊 😊 ☺ ☺
라	

😊100명
☺10명

(   )

2 가을이가 공부한 시간을 조사하여 표로 나타내었습니다. 화요일과 금요일에 공부한 시간은 같고, 월요일에 공부한 시간은 화요일보다 15분 짧았습니다. 공부한 시간이 가장 짧은 요일을 구하시오.

요일별 공부한 시간

요일	월	화	수	목	금	합계
시간(분)			65	60		260

(   )

3 경훈이네 모둠 학생들이 가지고 있는 색종이 수를 조사하여 표로 나타내었습니다. 수근이가 가지고 있는 색종이 수는 경훈이가 가지고 있는 색종이 수보다 9장 더 많고, 희철이는 수근이가 가지고 있는 색종이 수의 $\frac{3}{4}$일 때 상민이가 가지고 있는 색종이는 몇 장입니까?

학생별 색종이 수

이름	경훈	희철	상민	수근	합계
색종이 수(장)	23				110

(   )

4 지민이의 저금통에 들어 있는 동전의 종류별 개수를 조사하여 그림그래프로 나타내었습니다. 10원짜리 동전의 개수는 500원짜리와 50원짜리 동전의 개수의 합의 $\frac{1}{2}$이고, 10원짜리 동전의 개수는 전체 동전의 개수의 $\frac{1}{5}$입니다. 100원짜리 동전의 개수를 구하시오.

동전의 종류별 개수

동전	동전 수
500원	⬤ ● ● ● ● ● ● ●
100원	
50원	⬤ ●
10원	

⬤ 10개
● 1개

(   )

5 가희네 학교 달리기 대회에 참가할 학생 수를 학년별로 조사하여 표와 그림그래프로 나타내었습니다. 달리기 대회에 참가할 4학년 학생 수는 6학년 학생 수의 $\frac{4}{5}$일 때, 그림그래프를 완성하시오.

학년별 참가할 학생 수

학년	2	3	4	5	6	합계
학생 수(명)	12				20	80

학년별 참가할 학생 수

학년	학생 수
2학년	☺ ☺ ☻ ☻
3학년	
4학년	
5학년	☺ ☺ ☺ ☻ ☻ ☻
6학년	

☺ ☐명
☻ 1명

6

혜수네 학교 3학년 학생들의 반별 동생이 있는 학생 수를 조사하여 그림그래프로 나타내었습니다. 동생이 있는 3반의 학생 수는 동생이 있는 5반의 학생 수의 $\frac{3}{4}$이고, 동생이 있는 4반의 학생 수는 동생이 있는 1반과 3반의 학생 수의 합의 $\frac{5}{7}$입니다. 동생이 있는 3학년 전체 학생 수를 구하시오.

반별 동생이 있는 학생 수

반	학생 수
1반	☺ ☺ ☺ ☺ ☺
2반	☺ ☺ ☺ ☺ ☺
3반	
4반	
5반	☺ ☺ ☺ ☺

☺ 5명
☺ 1명

(   )

7

과일 가게에서 하루 동안 종류별로 판 과일 수를 조사하여 나타낸 그림그래프입니다. 배의 수는 사과의 수의 $\frac{3}{5}$보다 3개 더 많고, 귤의 수는 감의 수와 13의 합의 $\frac{2}{3}$입니다. 한 상자에 과일 15개가 들어 있을 때 가장 적게 판 과일을 구하시오.

종류별 판 과일 수

과일	과일 수
사과	▱ ▱ ▱ ▱ ▱ ▱ ● ● ● ● ●
배	
감	▱ ▱ ● ● ● ● ●
귤	

▱ 1상자
● 1개

(   )

8 현수네 학교 학생들이 풍선에 화살 던지기를 하여 얻은 점수를 조사하여 그림그래프로 나타내었습니다. 총 4개의 풍선의 점수는 빨간색 4점, 파란색 3점, 노란색 2점, 흰색 1점일 때 파란색 풍선을 맞힌 사람 중 7점을 받은 학생 수를 구하시오.

(단, 똑같은 색의 풍선은 한 번만 맞춥니다.)

풍선별 맞힌 학생 수

풍선	학생 수
빨간색	😊😊😊😊😊
파란색	😊😊😊😊
노란색	😊😊😊😊😊
흰색	😊😊

😊10명 😊5명 😊1명

점수별 받은 학생 수

점수	학생 수
10점	😊😊😊😊
9점	😊😊😊
8점	😊😊
7점	😊😊😊😊
6점	😊

😊10명 😊5명 😊1명

(   )

9 소민, 시진, 민정이가 가지고 있는 연필 수에 대한 설명입니다. 학생별 가지고 있는 연필 수를 그림그래프로 나타내시오.

- 소민이가 가지고 있는 연필 수의 $\frac{3}{4}$은 24자루입니다.
- 시진이가 가지고 있는 연필 수의 $\frac{1}{2}$과 소민이가 가지고 있는 연필 수의 $\frac{5}{8}$는 같습니다.
- 민정이가 가지고 있는 연필 수의 $\frac{4}{5}$와 시진이가 가지고 있는 연필 수의 $\frac{7}{10}$은 같습니다.

학생별 가지고 있는 연필 수

이름	연필 수
소민	
시진	
민정	

✏10자루
✏1자루

37   6. 자료의 정리

상위권을 위한
사고력
생각하는 방법도
최상위!

상위권의 기준

최상위
사고력

수학 좀 한다면

수능까지 연결되는 독해 로드맵

디딤돌 독해력은 수능까지 연결되는 체계적인 라인업을 통하여
수능에서 요구하는 핵심 독해 원리에 대한 이해는 물론,
단계별로 심화되며 연결되는 학습의 과정을 통해
깊이 있고 종합적인 독해 사고의 능력까지 기를 수 있도록 도와줍니다.

기초를 다진 후에는 본격 실전 독해 훈련으로!
디딤돌 독해력 고학년 I ~ IV

· 수능 국어 독서 영역을 기준으로 주제별, 수준별 구성
· 감당할 수 있는 중등 수준의 지문을 4단계로 세분화

독해력 공부를 처음 시작한다면, 기초를 튼튼히!
디딤돌 독해력 초등국어 1~6

· 초등 국어 교과서의 학년별 성취 기준을 바탕으로 독해 목표 설정
· 문학+비문학 제재로 구성, 차근차근 심화되는 독해 원리 학습

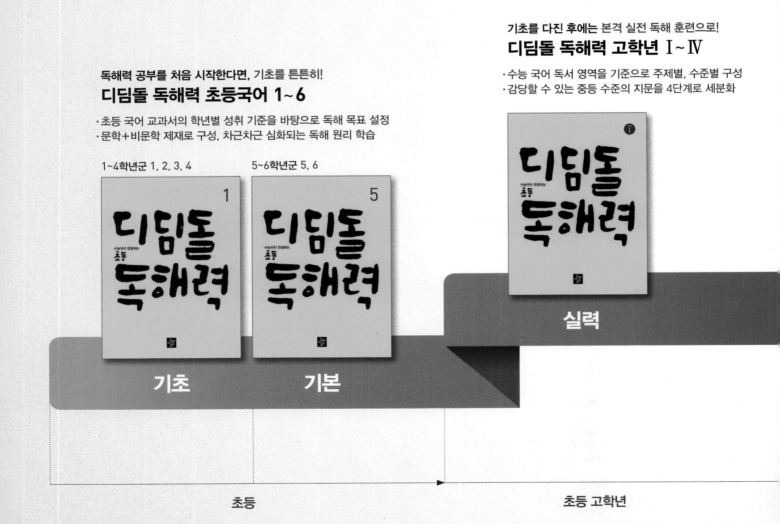

1~4학년군 1, 2, 3, 4

5~6학년군 5, 6

실력

기초

기본

초등

초등 고학년

고등 입학 전 완성하는 독해 과정 전반의 심화 학습!

디딤돌 생각독해 중등국어 Ⅰ ~ Ⅴ

· 생각의 확장과 통합을 위한 '빅 아이디어(대주제)' 선정 및 수록
· 대주제 별 다양한 영역의 생각 읽기 및 생각의 구조화 학습

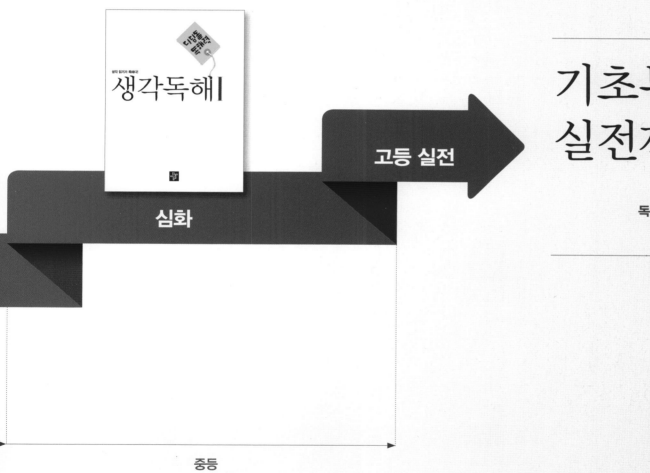

기초부터
실전까지

독해는 디딤돌

상위권의 기준

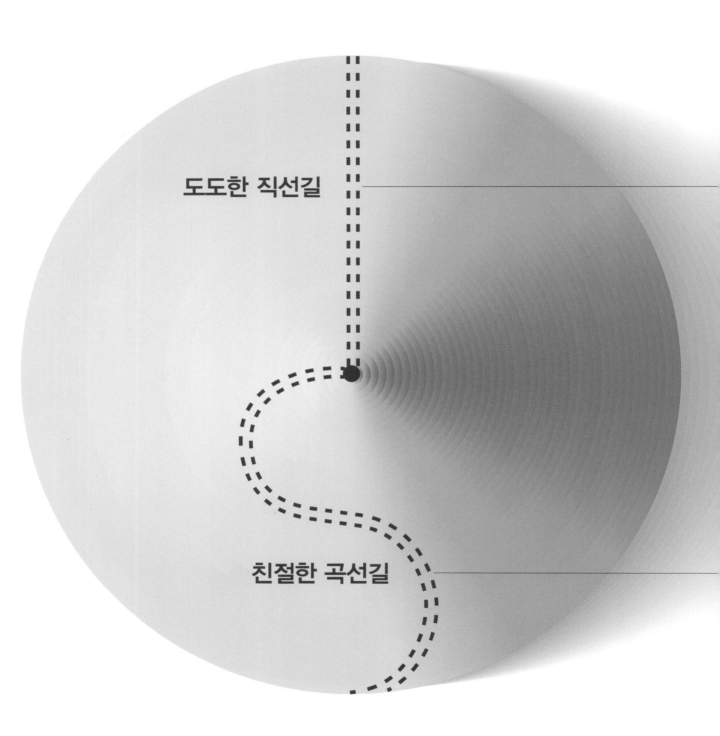

도도한 직선길

친절한 곡선길

최상위 수학 S

초등 3·2

정답과 풀이

SPEED 정답 체크

1 곱셈

BASIC CONCEPT

1 (세 자리 수) × (한 자리 수)

1 (위에서부터) (1) 300, 90, 6 / 396

(2) 800, 40, 28 / 868

2 (위에서부터) 3600, 900

3 361×5=1805 / 1805

4 145, 145, 3

5 49, 200, 600

2 (몇십) × (몇십), (몇십몇) × (몇십)

1 (1) 21, 70 (2) 82, 20

2 1200, 40

3 (1) > (2) >

4 70×30=2100 / 2100번

5 2002, 2005에 ○표

6 (1) 2 (2) 23

3 (몇) × (몇십몇), (몇십몇) × (몇십몇)

1 (위에서부터) (1) 12, 180 / 192

(2) 81, 540 / 621

2 2, 50, 850

3
```
      2 4
  ×   7 3
      7 2
  1 6 8 0
  1 7 5 2
```

4 606개

5 ㉡, ㉣

6 3392 , 3402 , 1610 , 1620
(   ) (○) (△) (   )

1 7 / 7 / 416 / 416, 2912

1-1 309　**1-2** 960　**1-3** 1656　**1-4** 1870

2 30 / 30, 2700 / 30, 2850 / 5550

2-1 3850원　**2-2** 1734 cm　**2-3** 80원

2-4 1704킬로칼로리

3 2 / 3 / 31 / 31, 558

3-1 480 cm　**3-2** 310 m　**3-3** 351 m

3-4 3808 cm

4 600, 600 / 630 / 665, > / 7, 8

4-1 10, 14, 16에 ○표　**4-2** 6, 7, 8, 9

4-3 54　**4-4** 2개

5 8 / 8, 8, 8 / 8, 8, 8, 8

5-1 (위에서부터) 4, 0　**5-2** (위에서부터) 3, 8

5-3 9, 4　**5-4** 6, 9

6 27 / 27 / 9 / 8, 9, 10 / 720

6-1 132　**6-2** 399　**6-3** 1600　**6-4** 4480

7 9, 7 /
```
      9 4          9 2
  ×   7 2      ×   7 4
  6 7 6 8 ,   6 8 0 8
```
/ 6768, 6808, 6808

7-1 128　**7-2** 1704　**7-3** 3870, 1470

7-4 410

8 4, 2, 2, 4 / 864, 4320 / 864, 4320

8-1 100, 500　**8-2** 431, 7, 3017

8-3 (위에서부터) 23 / 23, 11, 253 / 23 / 23

8-4 12, 78, 936

MATH MASTER

1 152개 **2** 1053개 **3** 352

4 1470 **5** 2970 **6** 3060원

7 638 cm **8** 1820개 **9** 585명

10 168, 48, 32, 6

11 139, 193, 319, 391, 913, 931, 333

12 1725 m

2 나눗셈

BASIC CONCEPT

1 나머지가 없는 (두 자리 수)÷(한 자리 수)

1 (위에서부터) (1)10, 3, 13 (2)20, 1, 21

2 (위에서부터) 30, 15 **3** ㉢, ㉠, ㉣, ㉡

4 48÷4=12 / 12마리 **5** (1)4 (2)48

6 30

2 나머지가 있는 (두 자리 수)÷(한 자리 수)

1
$$\begin{array}{r} 1\ 1 \\ 7\,\overline{)\,7\ 8} \\ 7\ 0 \\ \hline 8 \\ 7 \\ \hline 1 \end{array}$$

2 ㉡, ㉣ **3** 7

4 63÷5=12…3 / 3개

5 84

6 (위에서부터) (1)13 / 13, 52 (2)14, 5 / 14, 5

7 (1)90 (2)83

3 (세 자리 수)÷(한 자리 수)

1 (위에서부터) 10 / 14, 140

2 (왼쪽부터) 100, 13 / 113

3 ㉢ **4** 196÷7=28 / 28쪽

5 120원

6 954÷2=477, 477, 0 /
245÷9=27…2, 27, 2

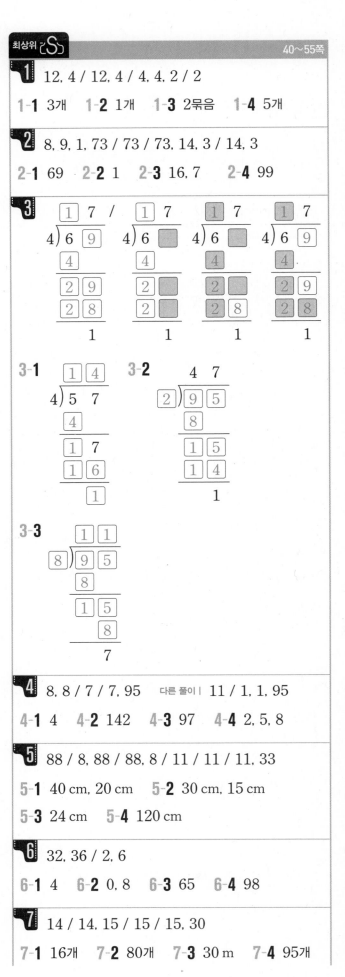

1 12, 4 / 12, 4 / 4, 4, 2 / 2

1-1 3개 **1-2** 1개 **1-3** 2묶음 **1-4** 5개

2 8, 9, 1, 73 / 73 / 73, 14, 3 / 14, 3

2-1 69 **2-2** 1 **2-3** 16, 7 **2-4** 99

3

3-3

4 8, 8 / 7 / 7, 95 다른 풀이 11 / 1, 1, 95

4-1 4 **4-2** 142 **4-3** 97 **4-4** 2, 5, 8

5 88 / 8, 88 / 88, 8 / 11 / 11 / 11, 33

5-1 40 cm, 20 cm **5-2** 30 cm, 15 cm

5-3 24 cm **5-4** 120 cm

6 32, 36 / 2, 6

6-1 4 **6-2** 0, 8 **6-3** 65 **6-4** 98

7 14 / 14, 15 / 15 / 15, 30

7-1 16개 **7-2** 80개 **7-3** 30 m **7-4** 95개

8 12 / 12, 192 / 6 / 192, 6, 192 / 192, 6 / 32

8-1 32 cm   **8-2** 48 cm   **8-3** 27

MATH MASTER

1 2개	**2** 6개	**3** 44 cm
4 10 cm	**5** 78	**6** 14개
7 60개	**8** 35, 5	**9** 15 g
10 30분	**11** 2명	

3 원

BASIC CONCEPT

1 원의 중심과 반지름, 지름, 원의 성질

1 선분 ㄱㄷ / 선분 ㅇㄱ, 선분 ㅇㄴ, 선분 ㅇㄷ

2 ㉢   **3** 72 cm   **4** 12 cm

5 26 cm

2 원 그리기, 원을 이용하여 여러 가지 모양 그리기

1 5 cm   **2** 5개

3 ㉔

4 4, 5 / 5, 20

5 7 cm

최상위 S

1 지름, 지름 / 반지름, 반지름 / 7, 14 / 지름, 지름 / 10, 14, 지은

1-1 (1) 지름에 ○표 (2) 같고에 ○표, 2에 ○표

1-2 민주, 성환, 유라   **1-3** ㉠, ㉡

2 4, 10 / 2, 14 / 14, 10, 10, 34

2-1 20 cm   **2-2** 9 cm   **2-3** 51 cm

2-4 40 cm

3 2, 2 / 2, 3 / 3, 3, 9

3-1 12 cm, 6 cm   **3-2** 15개   **3-3** 27개

3-4 30 cm

4 20 / 20 / 20, 10 / 10 / 10, 5

4-1 28 cm   **4-2** 24 cm   **4-3** 5 cm

4-4 64 cm

5 4, 8 / 8 / 8, 4, 2 / 2

5-1 5 cm   **5-2** 16 cm   **5-3** 4 cm

5-4 10 cm

6 4, 7 / 3 / 7, 3, 21

6-1 45 cm   **6-2** 28 cm   **6-3** 35 cm

6-4 30 cm

7 44 / 44 / 26 / 26, 13 / 13

7-1 30 cm   **7-2** 13 cm   **7-3** 2 cm

8 2 / 3 / 4 / 22 / 22, 110

8-1 77 cm   **8-2** 2 cm   **8-3** 18개

8-4 6 cm

1 3 cm, 1 cm **2** 5개 **3** 3 cm

4 12 cm **5** 10 cm **6** 2 cm

7 60 cm **8** 25개 **9** 3 cm

10 7개 **11** 6 cm

4 분수

1 분수로 나타내기, 분수만큼은 얼마인지 알아보기

1 (1) $\frac{1}{2}$ (2) $\frac{1}{3}$ (3) $\frac{3}{4}$ **2** $\frac{3}{8}$

3 8 m /

0	1	2	3	4	5	6	7	8	9	10	11	12	13	14(m)

4 ② **5** 80

2 여러 가지 분수 알아보기, 분수의 크기 비교하기

1 $\frac{4}{5}$ **2** 5개

3 (1) $\frac{5}{4}$ (2) $4\frac{5}{9}$ **4** (앞에서부터) 7, 3, 59

5 $\frac{8}{25}$, $\frac{8}{17}$, $\frac{8}{11}$

1 9, 7 / 1 / 4

1-1 7개 **1-2** 11개 **1-3** 6번 **1-4** 1450원

2 5 / 30, 4, 8 / 10, 3, 9 / 5, 8, 9, 태민

2-1 연우 **2-2** 종이학, 종이비행기, 종이배

2-3 11개 **2-4** 강아지, 2명

3 35, 41, 35, 41 / 35, 41 / 36, 37, 38, 39, 40, 5

3-1 14 **3-2** 5, 6, 7, 8 **3-3** 91 **3-4** 10개

4 3 / 3, 3, 36 / 36, 36, 4

4-1 15 **4-2** 35 **4-3** 48 **4-4** 51

5 1, 1, 1 / 1 / 143, 278, 352 / $\frac{144}{143}$, $\frac{279}{278}$, $\frac{353}{352}$ /

5-1 $\frac{65}{9}$, $\frac{79}{11}$, $\frac{107}{15}$ **5-2** $\frac{127}{56}$

5-3 $\frac{788}{789}$, $\frac{539}{540}$, $\frac{180}{181}$ **5-4** 143

6 1 / 36, 5 / 5, 10, $\frac{5}{10}$

6-1 $17\frac{1}{3}$ **6-2** $\frac{55}{75}$ **6-3** 2 **6-4** $2\frac{39}{44}$

7 5, 60 / 60, 60, 2, 24 / 60, 60, 24, 294

7-1 27 cm **7-2** 16 m **7-3** 225 m

7-4 42 cm

8 6, ㉣ / 9 / 1, 9, 39, 4 / 1, 4

8-1 2개 **8-2** $\frac{43}{7}=6\frac{1}{7}$, $\frac{45}{7}=6\frac{3}{7}$

8-3 $\frac{19}{8}$

1 7시간 **2** 92쪽 **3** 14명

4 $2\frac{2}{3}$ **5** 우현, 3자루 **6** 10분

7 $2\frac{1}{8}$ **8** 88개 **9** 50

10 $\frac{18}{25}$ **11** 4개 **12** 20분

13 159 **14** $\frac{13}{21}$, $\frac{8}{21}$, $\frac{4}{21}$

15 5개

5 들이와 무게

110~113쪽

BASIC CONCEPT

1 들이의 단위, 들이의 합과 차

1 ㉯, ㉰, ㉮ **2** ( )( )(○)(△)

3 3 L 650 mL **4** 2 L 800 mL

5 30, 250 / 4, 4

2 무게의 단위, 무게의 합과 차

1 ㉣, ㉠, ㉡, ㉢ **2** 15 t **3** 2 kg 450 g

4 3 kg 300 g **5** 12개

114~129쪽

최상위

1 작을수록에 ○표 / 1, 300 / 1, 400 / 53, 53, 700 / 700, 1, 300, 1, 400 / 연아

1-1 은성 **1-2** 보람, 정은, 지우 **1-3** 선주

2 4, 300, 2, 800 / 1, 500 / 1500 / 1500 / 300, 300, 300, 300, 300 / 300

2-1 1 L 200 mL **2-2** 400 mL **2-3** 900 g

2-4 1 L 200 mL

3 4, 900 / 4, 900 / 4, 900, 4, 900, 9, 800 / 10, 600, 9, 800 / 800

3-1 500 g **3-2** 550 g **3-3** 2 kg 400 g

3-4 43 kg 200 g

4 5000 / 5000 / 5000, 4200, 2100 / 2100, 2, 100

4-1 400 mL **4-2** 1 kg 400 g, 2 kg 600 g

4-3 2 kg 400 g, 1 kg 900 g **4-4** 2 L 400 mL

5 80, 60, 4800 / 1000 / 4, 800 / 4, 4, 1 / 4, 1, 5

5-1 2대 **5-2** 4개 **5-3** 11대 **5-4** 250자루

6 4, 500 / 10 / 500, 10, 5000 / 2, 9000 / 9000, 27000 / 5000, 27000, 32000

6-1 7200원 **6-2** 19750원 **6-3** 2500원

6-4 1 kg 500 g

7 3 / 3, 3000 / 3000, 500 / 500, 2500, 2, 500

7-1 3 kg **7-2** 200 g, 100 g **7-3** 2 L 250 mL

7-4 400 g

8 50, 200 / 200 / 5 / 5, 25

8-1 4초 **8-2** 80초 **8-3** 5초 **8-4** 200 mL

MATH MASTER

130~132쪽

1 1 L 700 mL **2** 3 kg 800 g **3** 400 mL

4 80개 **5** 대한, 225 mL **6** 1 kg 400 g

7 풀이 참조 **8** 10초 **9** 900 kg

10 2번

11 800 mL, 1 L 200 mL, 1 L 900 mL

6 자료의 정리

BASIC CONCEPT

134~137쪽

1 자료와 표

1 4, 3, 1, 12 **2** 210개 **3** 로봇

4 2반 **5** 4명

2 그림그래프

1 10월, 45권

2

가고 싶은 나라별 사람 수

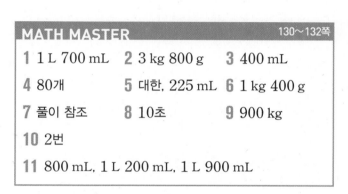

나라	사람 수
영국	□ ○
태국	□ ○ △ △ △
베트남	□ □ △ △ △ △
이탈리아	□ ○ △ △

□ 10명
○ 5명
△ 1명

3 그림그래프

4 빵별 판매량

종류	판매량
단팥빵	◉◉◉◉◉○○
크림빵	◉◉◉◉◉◉○
카스테라	◉◉○○○○○○○○

◉ 10개
○ 1개

최상위 S 138~149쪽

1 5, 6, 11 / 8, 4, 12 / 7, 9, 16 / 3, 5, 8 / 16, 12, 11, 8, 한라산

1-1 거문고   **1-2** 도윤   **1-3** 게임기

2 500 / 5, 500 / 1400, 1800, 2200 / 1400, 1800, 2200, 7900

2-1 52그루   **2-2** 1170명   **2-3** 210권

3 730, 690 /

과수원별 사과 생산량

과수원	생산량
싱싱	🍎🍎🍎🍎🍎🍎🍎●●●●●●
맛나	🍎🍎🍎🍎🍎🍎●●●
달콤	🍎🍎🍎🍎🍎🍎🍎🍎🍎●●●●
행복	🍎🍎🍎🍎🍎🍎🍎●

🍎 100상자, ● 10상자

690 / 690, 730 / 7, 8 / 730, 7, 3

3-1 83 L

3-2 330, 400, 330 /

농장별 돼지 수

농장	돼지 수
가	🐷🐷🐷🐷🐷🐷🐷
나	🐷🐷🐷🐷🐷🐷
다	🐷🐷🐷🐷🐷
라	🐷🐷🐷🐷🐷

🐷 100마리
🐖 10마리

3-3 13, 15, 9 /

월별 맑은 날수

월	맑은 날수
9월	☀○○○
10월	☀○○○○○○○○
11월	☀○○○○○
12월	○○○○○○○○○

☀ 10일
○ 1일

4 16 / 2 / 2, 16, 14, 7 / 7, 9

4-1 6명   **4-2** 7월   **4-3** 196개

5 32, 15, 21, 19 / 32, 15, 21, 19, 87 / 87, 12, 3, 12, 3 / 12, 1140 / 3, 84 / 1140, 84, 1224 / 1224, 12, 24

5-1 83 m   **5-2** 4800원   **5-3** 8100원

6 6, 3, 630 / 630, 490 / 490, 490, 5, 350 / 350, 470

6-1 46개   **6-2** 1020자루

6-3 모둠별 딸기 수확량

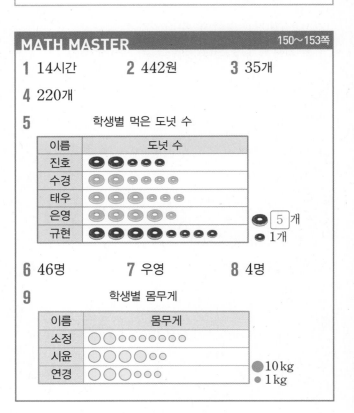

모둠	딸기 수확량
현우네	🍓🍓🍓●●●●
예진이네	🍓●●●●●●●●●
아인이네	🍓🍓🍓
찬영이네	🍓🍓🍓🍓

🍓 10kg
● 1kg

MATH MASTER 150~153쪽

1 14시간   **2** 442원   **3** 35개

4 220개

5 학생별 먹은 도넛 수

이름	도넛 수
진호	◎◎◎○○
수경	◎◎○○○○
태우	◎◎◎○○
은영	◎◎◎
규현	◎◎◎◎◎○○○

◎ 5개
○ 1개

6 46명   **7** 우영   **8** 4명

9 학생별 몸무게

이름	몸무게
소정	●●○○○○○○○○
시윤	●●●●○○
연경	●●●○○○

● 10kg
○ 1kg

복습책

1 곱셈

1 1408	2 80원	3 231 m
4 7, 8, 9	5 9, 6	6 90
7 7040	8 13, 91, 1183	

1 180개	2 848개	3 420
4 1084	5 4692	6 3265원
7 451 cm	8 2499개	9 510명
10 (1) 288, 128, 16, 6 (2) 777, 36, 18, 8		
11 15개	12 2790 m	

2 나눗셈

1 1묶음	2 16, 3	3
4 98	5 128 cm	
6 84	7 30 m	
8 15 cm		

3.
$$7\overline{)88}$$
$$\begin{array}{r} 1\ 2 \\ \hline 8\ 8 \\ 7 \\ \hline 1\ 8 \\ 1\ 4 \\ \hline 4 \end{array}$$

1 2개	2 6개	3 28 cm	4 11 cm
5 84	6 8개	7 56개	8 48, 8
9 12 g	10 33분	11 3명	

3 원

1 ㉡, ㉣	2 120 cm	3 48 cm
4 64 cm	5 3 cm	6 40 cm
7 16 cm	8 15개	

1 4 cm, 3 cm	2 7개	3 6 cm
4 5 cm	5 12 cm	6 2 cm
7 64 cm	8 81개	9 4 cm
10 9개	11 7 cm	

4 분수

1 11도막	2 여동생, 3명	3 166
4 48	5 $\frac{584}{585}$, $\frac{319}{320}$, $\frac{199}{200}$	6 $2\frac{28}{31}$
7 192 m	8 $\frac{25}{8}=3\frac{1}{8}$, $\frac{29}{8}=3\frac{5}{8}$	

1 11시간	2 116쪽	3 14명
4 $4\frac{1}{2}$	5 우영, 7자루	6 2분
7 $2\frac{3}{8}$	8 63개	9 54
10 $\frac{22}{29}$	11 4개	12 18분
13 165	14 $\frac{15}{23}$, $\frac{9}{23}$, $\frac{6}{23}$	15 5개

5 들이와 무게

1 미주	**2** 600 g	**3** 2 kg 200 g
4 3 kg 200 g, 2 kg 900 g	**5** 13대	
6 9600원	**7** 200 g	**8** 250 mL

1 1 L 400 mL	**2** 5 kg 200 g	**3** 500 mL
4 50개	**5** 정연, 80 mL	**6** 2 kg 800 g
7 풀이 참조	**8** 18초	**9** 700 kg
10 3번		
11 1 L 700 mL, 1 L 300 mL, 900 mL		

6 자료의 정리

1 보드게임	**2** 1620권	**3** 60가마니
4 132개	**5** 4320원	**6** 770장

1 180명   **2** 월요일   **3** 31장

4 28개

5

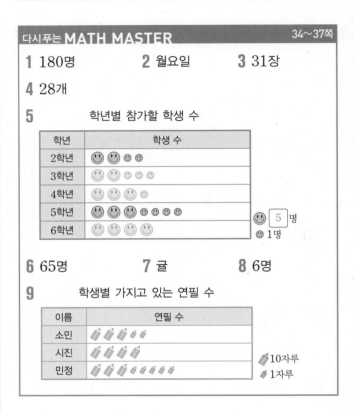

학년별 참가할 학생 수

6 65명   **7** 귤   **8** 6명

9

학생별 가지고 있는 연필 수

이름	연필 수
소민	
시진	
민정	

1 곱셈

1 (세 자리 수) × (한 자리 수)
8~9쪽

1 (위에서부터)
(1) 300, 90, 6 / 396
(2) 800, 40, 28 / 868

(1) $132 \times 3 = (100 \times 3) + (30 \times 3) + (2 \times 3)$
$\qquad = 300 + 90 + 6 = 396$

(2) $217 \times 4 = (200 \times 4) + (10 \times 4) + (7 \times 4)$
$\qquad = 800 + 40 + 28 = 868$

2 (위에서부터) 3600, 900

$450 \times 8 = 450 \times 2 \times 4$
$\qquad = 900 \times 4 = 3600$

3 $361 \times 5 = 1805$ /
1805

$361 + 361 + 361 + 361 + 361 = 361 \times 5 = 1805$

4 145, 145, 3

$144 + 145 + 146 = (145 - 1) + 145 + (145 + 1)$
$\qquad = 145 + 145 + 145 = 145 \times 3$

5 49, 200, 600

$(151 \times 3) + (49 \times 3) = (151 + 49) \times 3 = 200 \times 3 = 600$

2 (몇십) × (몇십), (몇십몇) × (몇십)
10~11쪽

1 (1) 21, 70 (2) 82, 20

(1) $30 \times 70 = 2100$
$\quad 3 \times 7 = 21$

(2) $41 \times 20 = 820$
$\quad 41 \times 2 = 82$

2 1200, 40

곱한 결과가 1200으로 같습니다. 이때 곱해지는 수가 15에서 30으로 2배가 되었으므로 곱하는 수는 80의 반인 40이 되어야 합니다.

3 (1) > (2) >

(1) $65 \times 70 = 4550$, $75 \times 60 = 4500$ ➡ $4550 > 4500$
(2) $46 \times 80 = 3680$, $86 \times 40 = 3440$ ➡ $3680 > 3440$

4 $70 \times 30 = 2100$ /
2100번

(하루에 하는 줄넘기 횟수) × (4월 한 달의 날수) $= 70 \times 30 = 2100$(번)

5 2002, 2005에 ○표

40×50=2000, 67×30=2010이므로 2000<□<2010입니다.
따라서 □ 안에 들어갈 수 있는 수는 2002, 2005입니다.

6 (1) 2 (2) 23

(1) 90×20=1800, 90×30=2700이므로 □ 안에 들어갈 수 있는 가장 작은 수의 십의 자리 숫자는 2입니다.
(2) 90×22=1980, 90×23=2070이므로 □ 안에 들어갈 수 있는 가장 작은 수는 23입니다.

3 (몇)×(몇십몇), (몇십몇)×(몇십몇)

12~13쪽

1 (위에서부터)
(1) 12, 180 / 192
(2) 81, 540 / 621

(1) 6×32=(6×2)+(6×30)=12+180=192
(2) 27×23=(27×3)+(27×20)=81+540=621

2 2, 50, 850

34를 17×2로 바꾸어 계산한 것입니다.

3
```
      2 4
  ×   7 3
  ─────────
      7 2
  1 6 8 0
  ─────────
  1 7 5 2
```

곱하는 수 73에서 7은 70을 나타내므로 24×70=1680이라고 써야 하는데 168이라고 써서 계산이 잘못 되었습니다.

4 606개

(빨간 구슬의 수)=8×32=256(개), (노란 구슬의 수)=14×25=350(개)
➡ 256+350=606(개)

5 ㉡, ㉣

㉠ 9×58=522 ㉡ 17×29=493 ㉢ 42×13=546 ㉣ 31×16=496
➡ 곱이 500보다 작은 것은 ㉡, ㉣입니다.

6 3392, 3402, 1610, 1620
( )(○)(△)( )

64×53=3392, 63×54=3402, 35×46=1610, 36×45=1620

참고
㉠ ㉣ 에서 ㉠>㉡>㉢>㉣일 때 곱이 가장 크고, ㉠<㉡<㉣<㉢일 때 곱이 가장 작습니다.
× ㉡ ㉢

먼저 어떤 수를 구합니다.

어떤 수를 ■라고 하면 ■ − 7 = 409

$$■ = 409 + 7$$
$$■ = 416$$

따라서 바르게 계산하면 $416 \times 7 = 2912$입니다.

1-1 309

어떤 수를 □라고 하면 □ − 3 = 100, □ = 100 + 3, □ = 103입니다.
따라서 어떤 수에 3을 곱하면 $103 \times 3 = 309$입니다.

1-2 960

어떤 수를 □라고 하면 □ + 20 = 68, □ = 68 − 20, □ = 48입니다.
따라서 바르게 계산하면 $48 \times 20 = 960$입니다.

1-3 1656

어떤 수를 □라고 하면 184 − □ = 175, 184 − 175 = □, □ = 9입니다.
따라서 바르게 계산하면 $184 \times 9 = 1656$입니다.

1-4 1870

어떤 수를 □라고 하면 □ + 17 = 22, □ = 22 − 17, □ = 5입니다.
따라서 바르게 계산하면 $5 \times 17 = 85$이므로 바르게 계산한 값과 잘못 계산한 값의 곱은
$85 \times 22 = 1870$입니다.

지우개와 가위를 각각 30개씩 사야 합니다.

$$+ \begin{cases} (\text{지우개 30개의 값}) = 90 \times 30 = 2700(\text{원}) \\ (\text{가위 30개의 값}) = 95 \times 30 = 2850(\text{원}) \end{cases}$$
$$(\text{필요한 돈}) = 5550(\text{원})$$

2-1 3850원

$(\text{필요한 돈}) = 550 \times 7 = 3850(\text{원})$

2-2 1734 cm

$(\text{노란색 수수깡의 전체 길이}) = 23 \times 34 = 782(cm)$
$(\text{파란색 수수깡의 전체 길이}) = 28 \times 34 = 952(cm)$
➡ $(\text{나누어 준 수수깡의 전체 길이}) = 782 + 952 = 1734(cm)$

2-3 80원

$(\text{사탕 12개의 값}) = 80 \times 12 = 960(\text{원})$, $(\text{초콜릿 8개의 값}) = 745 \times 8 = 5960(\text{원})$
$(\text{사탕과 초콜릿의 값}) = 960 + 5960 = 6920(\text{원})$
➡ $(\text{거스름돈}) = 7000 - 6920 = 80(\text{원})$

2-4 1704킬로칼로리

(고구마 3개의 열량)=132×3=396(킬로칼로리)
(귤 12개의 열량)=50×12=600(킬로칼로리)
(과자 2봉지의 열량)=354×2=708(킬로칼로리)
➡ (먹은 식품의 전체 열량)=396+600+708=1704(킬로칼로리)

깃발 2개 ➡ 깃발 사이의 간격: 2곳

깃발 3개 ➡ 깃발 사이의 간격: 3곳

따라서 호수 둘레에 깃발을 31개 세우면 깃발 사이의 간격은 31곳이므로
(호수의 둘레)=(깃발 사이의 간격의 길이)×(간격 수)
$$=18×31=558(m)$$

3-1 480 cm

(어린이 사이의 간격 수)=(어린이의 수)=4(곳)
➡ (원의 둘레)=120×4=480 (cm)

3-2 310 m

(말뚝 사이의 간격 수)=(말뚝의 수)=62(곳)
➡ (목장의 둘레)=5×62=310(m)

3-3 351 m

(나무 사이의 간격 수)=(나무의 수)-1=40-1=39(곳)
➡ (산책로의 길이)=9×39=351(m)

3-4 3808 cm

(한 변에 있는 해바라기 사이의 간격 수)=(해바라기의 수)-1=15-1=14(곳)
(화단의 한 변의 길이)=68×14=952(cm)
➡ (화단의 둘레)=952×4=3808(cm)

다른 풀이
(화단의 둘레에 심은 해바라기의 수)=15×4-4=56(포기)
➡ (화단의 둘레)=56×68=3808 (cm)

대표문제 4

$20 \times 30 = 600$이므로 주어진 식은 ■$\times 95 > 600$입니다.

95를 약 90으로 어림하면 $7 \times 90 = 630 > 600$입니다.

■ 안에 7을 넣어 보면

$7 \times 95 = 665 > 600$

따라서 ■ 안에 들어갈 수 있는 한 자리 수는 7, 8, 9입니다.

4-1 10, 14, 16에 ○표

$113 \times 3 = 339$이므로 주어진 식은 $20 \times \square < 339$입니다.

$\square = 10$이면 $20 \times 10 = 200 \rightarrow 200 < 339$

$\square = 14$이면 $20 \times 14 = 280 \rightarrow 280 < 339$

$\square = 16$이면 $20 \times 16 = 320 \rightarrow 320 < 339$

$\square = 17$이면 $20 \times 17 = 340 \rightarrow 340 > 339$

따라서 $\square$ 안에 들어갈 수 있는 수는 10, 14, 16입니다.

4-2 6, 7, 8, 9

$39 \times 20 = 780$이므로 주어진 식은 $145 \times \square > 780$입니다.

145를 약 140으로 어림하면

$140 \times 5 = 700 < 780$, $140 \times 6 = 840 > 780$입니다.

따라서 $\square$ 안에 들어갈 수 있는 한 자리 수는 6, 7, 8, 9입니다.

4-3 54

$19 \times 14 = 266$이므로 주어진 식은 $266 < 5 \times \square$입니다.

$5 \times 50 = 250$이므로 $\square$ 안에 50보다 큰 수를 차례로 넣어 계산해 보면

$5 \times 51 = 255 \rightarrow 266 > 255$ $5 \times 52 = 260 \rightarrow 266 > 260$

$5 \times 53 = 265 \rightarrow 266 > 265$ $5 \times 54 = 270 \rightarrow 266 < 270$

따라서 $\square$ 안에 들어갈 수 있는 수는 54, 55, 56 ……이고 이 중 가장 작은 수는 54입니다.

4-4 2개

$20 \times 80 = 1600$, $57 \times 48 = 2736$이므로 주어진 식은 $1600 < 530 \times \square < 2736$입니다.

530을 약 500으로 어림하면 $500 \times 4 = 2000$이므로 $1600 < 2000 < 2736$입니다.

$\square$ 안에 4를 넣어 보면 $1600 < 530 \times 4 = 2120 < 2736$,

$\square$ 안에 5를 넣어 보면 $1600 < 530 \times 5 = 2650 < 2736$이므로

$\square$ 안에 들어갈 수 있는 수는 4, 5로 모두 2개입니다.

대표문제 5

$$
\begin{array}{r}
\bigcirc\ 7\ \ 4 \\
\times\qquad \bigcirc \\
\hline
6\ 9\ 9\ 2
\end{array}
$$

곱의 일의 자리 숫자가 2이므로 $\bigcirc = 3$ 또는 $\bigcirc = 8$입니다.

©=3이면
```
      ㉠ 7 4
    ×     3
   ● ▲ 2 2
```
에서 곱의 십의 자리 숫자가 2이므로 ©은 3이 될 수 없습니다.

©=8이면
```
      ㉠ 7 4
    ×     8
   ● ▲ 9 2
```
에서 곱의 십의 자리 숫자가 9이므로 ©=8입니다.

```
      5 3
      ㉠ 7 4
    ×     8
   ─────────
    6 9 9 2
```
십의 자리의 계산에서 백의 자리로 5를 올림하므로
㉠×8+5=69, ㉠×8=64, ㉠=8입니다.

5-1 (위에서부터) 4, 0
```
        9
    ×  3 ㉠
   ───────
    3 ㉡ 6
```
곱의 일의 자리 숫자가 6이므로 ㉠=4입니다.
일의 자리의 계산에서 십의 자리로 3을 올림하므로 9×3+3=30에서
㉡=0입니다.

5-2 (위에서부터) 3, 8
```
      ㉠ 5 6
    ×     ㉡
   ─────────
    2 8 4 8
```
곱의 일의 자리 숫자가 8이므로 ㉡=3 또는 ㉡=8입니다.
㉡=3이면 ㉠56×3=●▲68에서 곱의 십의 자리 숫자가 6이므로
㉡은 3이 될 수 없습니다.
㉡=8이면 ㉠56×8=●▲48에서 곱의 십의 자리 숫자가 4이므로
㉡=8입니다.

따라서 십의 자리의 계산에서 백의 자리로 4를 올림하므로 ㉠×8+4=28,
㉠×8=24, ㉠=3입니다.

5-3 9, 4
```
      7 ■
    × ▲ 3
   ───────
    3 3 9 7
```
■×3의 일의 자리 숫자가 7이므로 ■=9입니다.
■=9이면 79×3=237이므로 3397−237=3160에서
79×▲=316입니다.
따라서 9×▲의 일의 자리 숫자가 6이므로 ▲=4입니다.

5-4 6, 9
똑같은 수를 곱했을 때 곱의 일의 자리 숫자가 6인 경우는 4×4=16, 6×6=36입니다.
수 카드에 적힌 숫자가 4인 경우:
```
        4
    ×  4 4
   ───────
    1 7 6
```
수 카드에 적힌 숫자가 6인 경우:
```
        6
    ×  6 6
   ───────
    3 9 6
```
따라서 수 카드에 적힌 숫자는 6이고 ●에 알맞은 수는 9입니다.

대표문제 6

연속하는 세 자연수를 □－1, □, □＋1이라고 하면

(□－1)＋□＋(□＋1)＝27이고

□＋□＋□＝27이므로

□＝9입니다.

따라서 합이 27인 연속하는 세 자연수는 8, 9, 10이고,

세 수의 곱은 720입니다.

6-1 132

연속하는 두 자연수를 □, □＋1이라고 하면

□＋(□＋1)＝23, □＋□＝22, □＝11입니다.

따라서 연속하는 두 수는 11, 12이므로 두 수의 곱은 11×12＝132입니다.

6-2 399

연속하는 세 자연수를 □－1, □, □＋1이라고 하면

(□－1)＋□＋(□＋1)＝60, □＋□＋□＝60입니다.

이때 20＋20＋20＝60이므로 □＝20입니다.

따라서 연속하는 세 수는 19, 20, 21이므로 가장 큰 수와 가장 작은 수의 곱은

19×21＝399입니다.

6-3 1600

연속하는 세 자연수를 □－1, □, □＋1이라고 하면

(□－1)＋□＋(□＋1)＝48, □＋□＋□＝48입니다.

이때 16＋16＋16＝48이므로 □＝16입니다.

따라서 연속하는 세 수는 15, 16, 17이므로 ■＝17, ●＝15입니다.

➡ (17＋15)×50＝1600

6-4 4480

연속하는 세 짝수를 □－2, □, □＋2라고 하면

(□－2)＋□＋(□＋2)＝90, □＋□＋□＝90입니다.

이때 30＋30＋30＝90이므로 □＝30입니다.

따라서 연속하는 세 짝수는 28, 30, 32이므로 구하는 값은

(28×32)×5＝896×5＝4480입니다.

대표문제 7

곱이 크려면 두 수의 십의 자리에 가장 큰 숫자와 두 번째로 큰 숫자를 놓아야 합니다.

따라서 두 수의 십의 자리에 9, 7을 놓고 나머지 숫자를 일의 자리에 놓으면

만들 수 있는 곱셈식은

```
    9 4          9 2
  ×   7 2      ×   7 4
  ─────────    ─────────
  6 7 6 8  ,   6 8 0 8
```
입니다.

이때 6768＜6808이므로 가장 큰 곱은 6808입니다.

7-1 128

㉠×㉡㉢에서 곱이 크려면 ㉠ 또는 ㉡에 가장 큰 숫자와 두 번째로 큰 숫자가 와야 합니다.
따라서 $4 \times 32 = 128$, $3 \times 42 = 126$에서 $128 > 126$이므로 가장 큰 곱은 128입니다.

7-2 1704

곱이 작으려면 ㉠ 또는 ㉣에 가장 작은 숫자와 두 번째로 작은 숫자가
오고, ㉢에는 가장 큰 숫자가 와야 합니다.

$$\begin{array}{r} ㉠\,㉡\,㉢ \\ \times \qquad ㉣ \\ \hline \end{array}$$

따라서

$$\begin{array}{r} 3\ 6\ 8 \\ \times \qquad 5 \\ \hline 1\ 8\ 4\ 0 \end{array} , \quad \begin{array}{r} 5\ 6\ 8 \\ \times \qquad 3 \\ \hline 1\ 7\ 0\ 4 \end{array}$$ 에서 $1840 > 1704$이므로 가장

작은 곱은 1704입니다.

7-3 3870, 1470

주어진 수 카드로 (몇십몇)×(몇십)을 만들어 계산해 보면
$94 \times 30 = 2820$, $93 \times 40 = 3720$, $49 \times 30 = 1470$, $43 \times 90 = 3870$,
$39 \times 40 = 1560$, $34 \times 90 = 3060$입니다.
따라서 가장 큰 곱은 3870이고, 가장 작은 곱은 1470입니다.

7-4 410

$$\begin{array}{c} \boxed{㉠}\ \square\ \square \\ \times \qquad \square\ \boxed{㉡} \end{array} \qquad \begin{array}{c} \boxed{㉠}\ \square \\ \times \boxed{㉡}\ \square \end{array}$$ ㉠ 또는 ㉡에 가장 작은 수와 두 번째로 작은 수를 놓습니다.

소연: $278 \times 5 = 1390$, $578 \times 2 = 1156$이므로 가장 작은 곱은 1156입니다.
지훈: $27 \times 58 = 1566$, $28 \times 57 = 1596$이므로 가장 작은 곱은 1566입니다.
➡ (두 곱의 차)$=1566-1156=410$

대표문제 8

$$\overbrace{860 + 862 + \boxed{864} + 866 + 868}^{5개의 수}$$

$$=(864-4)+(864-2)+864+(864+2)+(864+4)$$
$$=864 \times 5 = 4320$$

따라서 ■$=864$, ▲$=5$, ●$=4320$입니다.

8-1 100, 500

$$98+99+100+101+102$$
$$=(100-2)+(100-1)+100+(100+1)+(100+2)$$
$$=100 \times 5 = 500$$

8-2 431, 7, 3017

$$425+427+429+\underset{\text{가운데 수}}{\boxed{431}}+433+435+437$$
$$=(431-6)+(431-4)+(431-2)+431+(431+2)+(431+4)+(431+6)$$
$$=431 \times 7 = 3017$$

따라서 ㉠$=431$, ㉡$=7$, ㉢$=3017$입니다.

8-3 (위에서부터) 23 /
23, 11, 253 / 23 / 23

$1+2+3+\cdots\cdots+20+21+22$
$=(1+22)+(2+21)+(3+20)+\cdots\cdots+(11+12)$
$=\underbrace{23+23+23+\cdots\cdots+23}_{11개}=23\times11=253$

8-4 12, 78, 936

$12+24+36+\cdots\cdots+132+144$
$=(12\times1)+(12\times2)+(12\times3)+\cdots\cdots+(12\times11)+(12\times12)$
$=12\times(1+2+3+\cdots\cdots+11+12)$
$=12\times78=936$

MATH MASTER

1 152개

(전체 사탕의 수)$=30\times20=600$(개)
(나누어 준 사탕의 수)$=112\times4=448$(개)
➡ (남은 사탕의 수)$=600-448=152$(개)

2 1053개

(3월 1일부터 6월 25일까지의 날수)$=31+30+31+25=117$(일)
(준혁이가 푼 수학 문제 수)$=117\times9=1053$(개)

3 352

유진이의 나이를 □살, 삼촌의 나이를 △살이라고 하면
□$+$△$=43$, △$-$□$=21$에서

$$+\begin{array}{r}□+△=43 \\ △-□=21 \\ \hline △+△=64 \end{array}$$

이때 $32+32=64$이므로 △$=32$입니다.
따라서 □$+32=43$, □$=43-32$, □$=11$이므로 □$\times$△$=11\times32=352$입니다.

4 1470

$49\blacktriangle79=49\times(79-49)=49\times30=1470$

5 2970

펼친 두 면의 쪽수는 연속한 두 수이므로 두 쪽수를 □, □$+1$이라고 하면
□$+$□$+1=109$, □$+$□$=108$, □$=54$입니다.
따라서 펼친 두 면의 쪽수는 54, 55이므로 두 쪽수의 곱은 $54\times55=2970$입니다.

6 3060원

(공책 한 권의 이익)$=900-615=285$(원)
(지우개 한 개의 이익)$=100-70=30$(원)

(공책 8권의 이익)=285×8=2280(원), (지우개 26개의 이익)=30×26=780(원)

➡ (전체 이익)=2280+780=3060(원)

7 638 cm

(색 테이프 35장의 길이)=26×35=910(cm)

겹쳐진 부분은 35−1=34(곳)이므로 (겹쳐진 부분의 길이의 합)=8×34=272(cm)

➡ (이어 붙인 색 테이프의 전체 길이)=910−272=638(cm)

8 1820개

(10주 동안의 날수)=7×10=70(일)

(10주 동안 생산하는 오토바이의 수)=13×70=910(대)

➡ (필요한 오토바이의 바퀴 수)=910×2=1820(개)

9 585명

(여자 어린이 수)=(7×38)+4=266+4=270(명)

(남자 어린이 수)=(16×20)−5=320−5=315(명)

➡ (전체 어린이 수)=270+315=585(명)

10 168, 48, 32, 6

746 → 7×4×6=168, 168 → 1×6×8=48, 48 → 4×8=32,

32 → 3×2=6

11 139, 193, 319, 391, 913, 931, 333

27을 세 숫자의 곱으로 나타내면 27=1×3×9=3×3×3입니다.

따라서 ㉠에 알맞은 수는 139, 193, 319, 391, 913, 931, 333입니다.

12 1725 m

수아와 주희가 처음 만날 때까지 걸은 거리는 각각

60×3=180(m), 55×3=165(m)이므로

(운동장의 둘레)=180+165=345(m)입니다.

➡ (5번째로 만날 때까지 걸은 거리의 합)=(운동장 5바퀴의 거리)

=345×5=1725(m)

2 나눗셈

1 나머지가 없는 (두 자리 수)÷(한 자리 수)

34~35쪽

1 (위에서부터)

(1) 10, 3, 13

(2) 20, 1, 21

(1) 26÷2=(20÷2)+(6÷2)

=10+3=13

(2) 84÷4=(80÷4)+(4÷4)

=20+1=21

2 (위에서부터) 30, 15   6＝3×2이므로 90을 3으로 나눈 다음 다시 2로 나누어도 결과는 같습니다.

3 ⓛ, ㉠, ㉣, ㉢   같은 수를 작은 수로 나눌수록 몫이 크므로 60과 90을 5로 나눈 것보다 2로 나눈 몫이 더 큽니다.
같은 수로 나눌 때 나누어지는 수가 클수록 몫이 크므로 60을 5로 나눈 것보다 90을 5로 나눈 몫이 더 큽니다.
따라서 60÷2＝30, 90÷5＝18이므로 몫이 큰 것부터 차례로 쓰면
ⓛ 90÷2, ㉠ 60÷2, ㉣ 90÷5, ㉢ 60÷5입니다.

──────────
다른 풀이
㉠ 60÷2＝30, ⓛ 90÷2＝45, ㉢ 60÷5＝12, ㉣ 90÷5＝18
➡ ⓛ>㉠>㉣>㉢
──────────

4 48÷4＝12 / 12마리   (전체 다리 수)÷(기린 한 마리의 다리 수)＝48÷4＝12(마리)

5 (1) 4 (2) 48   (1) 80÷□＝20 → □×20＝80 → □＝4
(2) □÷4＝12 → □＝4×12 → □＝48

6 30   (어떤 수)÷5＝12, (어떤 수)＝5×12, (어떤 수)＝60
➡ 60÷2＝30

2 나머지가 있는 (두 자리 수)÷(한 자리 수)

1
```
    1 1
7 ) 7 8
    7 0
      8
      7
      1
```
나머지는 항상 나누는 수보다 작아야 합니다.
따라서 몫을 1 크게 하여 계산해야 합니다.

2 ⓛ, ㉣   나머지는 항상 나누는 수보다 작아야 합니다.
따라서 나머지가 5가 될 수 없는 식은 나누는 수가 5보다 작거나 같은 ⓛ, ㉣입니다.

3 7   나눗셈식에서 나누는 수는 항상 나머지보다 커야 하므로 ●가 될 수 있는 수 중에서 가장 작은 수는 7입니다.

4 63÷5＝12…3 / 3개   63÷5＝12…3에서 쿠키는 5개씩 12봉지가 되고 3개가 남습니다.
따라서 봉지에 담지 못한 쿠키는 3개입니다.

5 84

80보다 크고 85보다 작은 수는 81, 82, 83, 84입니다.
$81 \div 7 = 11 \cdots 4$, $82 \div 7 = 11 \cdots 5$, $83 \div 7 = 11 \cdots 6$, $84 \div 7 = 12$에서 7로 나누어떨어지는 수는 84입니다.

6 (위에서부터)
(1) 13 / 13, 52
(2) 14, 5 / 14, 5

(1) $52 \div 4 = 13$
$4 \times 13 = 52$

(2) $89 \div 6 = 14 \cdots 5$
$6 \times 14 + 5 = 89$

7 (1) 90 (2) 83

(1) $\blacksquare \div 6 = 15$에서 $6 \times 15 = \blacksquare$, $\blacksquare = 90$
(2) $\blacksquare \div 3 = 27 \cdots 2$에서 $3 \times 27 + 2 = \blacksquare$, $81 + 2 = \blacksquare$, $\blacksquare = 83$

3 (세 자리 수)÷(한 자리 수)

38~39쪽

1 (위에서부터) 10 / 14, 140

$98 \div 7 = 14$ ➡ $980 \div 7 = 140$
(10배)

2 (왼쪽부터) 100, 13 / 113

$565 \div 5 = (500 \div 5) + (65 \div 5) = 100 + 13 = 113$

3 ㉢

㉠ $203 \div 7 = 29$ ㉡ $569 \div 9 = 63 \cdots 2$ ㉢ $415 \div 4 = 103 \cdots 3$
나머지의 크기를 비교하면 $3 > 2 > 0$이므로 나머지가 가장 큰 것은 ㉢입니다.

4 $196 \div 7 = 28$ / 28쪽

일주일은 7일이므로 (전체 과학책의 쪽수)÷(날수)$= 196 \div 7 = 28$(쪽)

5 120원

연필 한 자루의 값을 $\square$원이라고 하면
$1000 \div \square = 8 \cdots 40$입니다.
$\square \times 8 + 40 = 1000$
→ $\square \times 8 = 1000 - 40$, $\square \times 8 = 960$, $\square = 960 \div 8$, $\square = 120$(원)

6 $954 \div 2 = 477$, 477, 0 / $245 \div 9 = 27 \cdots 2$, 27, 2

나누어지는 수가 클수록, 나누는 수가 작을수록 몫이 커지므로 몫이 가장 큰 경우는 (가장 큰 세 자리 수)÷(가장 작은 한 자리 수)입니다. ➡ $954 \div 2$
나누어지는 수가 작을수록, 나누는 수가 클수록 몫이 작아지므로 몫이 가장 작은 경우는 (가장 작은 세 자리 수)÷(가장 큰 한 자리 수)입니다. ➡ $245 \div 9$

1

$76 \div 6 = 12 \cdots 4$

지수네 모둠 6명에게 공책을 12권씩 나누어 주면 4권이 남습니다.

남는 4권을 6명에게 한 권씩 나누어 주면 $6 - 4 = 2$(명)이 받을 수 없습니다.

따라서 남는 것 없이 똑같이 나누어 주려면 공책은 적어도 2권 더 필요합니다.

1-1 3개

$87 \div 9 = 9 \cdots 6$에서 귤을 9명에게 9개씩 나누어 주면 6개가 남습니다.

따라서 남는 것 없이 똑같이 나누어 주려면 귤은 적어도 $9 - 6 = 3$(개) 더 필요합니다.

1-2 1개

(전체 구슬의 수)$= 27 + 37 = 64$(개)

$64 \div 5 = 12 \cdots 4$에서 5개의 통에 구슬을 12개씩 넣으면 4개가 남습니다.

따라서 남는 것 없이 똑같이 나누어 넣으려면 구슬은 적어도 $5 - 4 = 1$(개) 더 있어야 합니다.

1-3 2묶음

$106 \div 8 = 13 \cdots 2$에서 8개의 모둠에 지우개를 13개씩 나누어 주면 2개가 남습니다.

따라서 지우개는 적어도 $8 - 2 = 6$(개) 더 필요하므로 2묶음을 더 사야 합니다.

1-4 5개

희아네 모둠 학생 수를 □명이라고 하면

$□ \times 9 + 3 = 66$, $□ \times 9 = 63$, $□ = 7$이므로 희아네 모둠 학생 수는 7명입니다.

$30 \div 7 = 4 \cdots 2$에서 7명의 학생에게 초콜릿을 4개씩 나누어 주면 2개가 남으므로 초콜릿은 적어도 $7 - 2 = 5$(개) 더 필요합니다.

2

어떤 수를 ■라고 하면

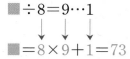

$■ \div 8 = 9 \cdots 1$

$■ = 8 \times 9 + 1 = 73$

따라서 어떤 수는 73이고 이 수를 5로 나누면

$73 \div 5 = 14 \cdots 3$

이므로 몫은 14, 나머지는 3입니다.

2-1 69

어떤 수를 □라고 하면 $□ \div 5 = 13 \cdots 4$에서

$□ = 5 \times 13 + 4 = 69$입니다.

따라서 어떤 수는 69입니다.

2-2 1

어떤 수를 □라고 하면 6으로 나누었을 때 나올 수 있는 가장 큰 나머지는 5이므로
□÷6=10…5에서 □=6×10+5=65입니다.
따라서 어떤 수는 65이고 이 수를 4로 나누면 65÷4=16…1이므로 나머지는 1입니다.

2-3 16, 7

어떤 수를 □라고 하면 67÷□=8…3에서
□×8+3=67, □×8=64, □=8입니다.
따라서 어떤 수는 8이고 135를 8로 나누면 135÷8=16…7이므로 몫은 16, 나머지는 7입니다.

2-4 99

71을 어떤 수 □로 나눌 때 나올 수 있는 가장 큰 나머지는 □−1입니다.
71÷□=7…□−1 ➡ □×7+□−1=71, □×8−1=71, □×8=72, □=9
따라서 9로 나누었을 때 나누어떨어지는 수 중 가장 큰 두 자리 수는 99입니다.

44~45쪽

대표문제 3

$$\begin{array}{r} 1\ 7 \\ 4\overline{)6\ 9} \\ 4 \\ \hline 2\ 9 \\ 2\ 8 \\ \hline 1 \end{array}$$

① 6에 4는 한 번 들어가므로 다음 □ 안의 수를 구할 수 있습니다.

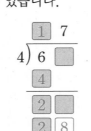

② 4×7=28이므로 다음 □ 안의 수를 구할 수 있습니다.

③ 나머지가 1이므로 다음 □ 안의 수를 구할 수 있습니다.

3-1

$$\begin{array}{r} 1\ 4 \\ 4\overline{)5\ 7} \\ 4 \\ \hline 1\ 7 \\ 1\ 6 \\ \hline 1 \end{array}$$

5에 4는 한 번 들어가므로

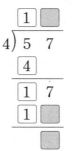

17에 4는 4번 들어가므로

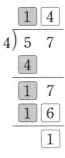

3-2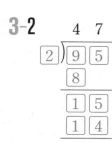

나누는 수는 4와 곱했을 때 한 자리 수, 7과 곱했을 때 두 자리 수이어야 하므로 2입니다.

나누는 수가 2이므로   나머지가 1이므로

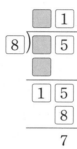

3-3

나머지가 7이므로 나누는 수는 8 또는 9이어야 합니다. 그런데 몫과 나누어지는 수가 모두 두 자리 수이므로 9는 될 수 없습니다. 따라서 나누는 수는 8입니다.

8과 곱해서 한 자리 수가 되는 경우는 $8 \times 1 = 8$이고 8을 빼서 7이 되는 수는 15이므로

8과 곱해서 한 자리 수가 되는 경우는 $8 \times 1 = 8$이고 8을 빼서 1이 되는 수는 9이므로

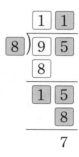

$■ \div 8 = 11 \cdots ▲$에서 나누는 수는 8이므로 나머지 ▲는 8보다 작습니다.
따라서 ■에 알맞은 수 중에서 가장 큰 수는 나머지 ▲가 7일 때이므로
$■ = 8 \times 11 + 7 = 95$입니다.

___

다른 풀이
$■ \div 8 = 11 \cdots ▲$에서 8로 나누었을 때 몫은 11입니다.
따라서 ■에 알맞은 수 중에서 가장 큰 수는 몫이 12이고
나누어떨어지는 수보다 1 작은 수이므로 $■ = 8 \times 12 - 1 = 95$입니다.

___

4-1 4

나머지는 항상 나누는 수보다 작아야 하므로 ★이 될 수 있는 수는 5보다 작은
0, 1, 2, 3, 4입니다. 이 중에서 가장 큰 수는 4입니다.

4-2 142

나누는 수가 9이므로 나머지 ●는 9보다 작습니다.
따라서 ●가 될 수 있는 수는 0, 1, 2……7, 8이고 이 중에서 두 번째로 큰 수는 7이므로 구하는 수는 $\square \div 9 = 15 \cdots 7$에서 $\square = 9 \times 15 + 7 = 142$입니다.

4-3 97

가장 큰 두 자리 수인 99를 4로 나누면 99÷4＝24…3이므로 나머지가 3입니다.

따라서 구하는 수는 나머지가 1인 가장 큰 두 자리 수이므로 99보다 2 작은 97입니다.

➡ 97÷4＝24…1

4-4 2, 5, 8

6으로 나누었을 때 나올 수 있는 가장 큰 나머지는 5입니다.

따라서 나누어지는 수보다 5 작은 수는 6으로 나누어떨어집니다.

즉, ■9－5＝■4는 6으로 나누어떨어집니다.

따라서 14, 24, 34, 44, 54, 64, 74, 84, 94 중에서 6으로 나누어떨어지는 수는 24÷6＝4, 54÷6＝9, 84÷6＝14, 즉 24, 54, 84이므로 ■에 알맞은 숫자는 2, 5, 8입니다.

직사각형 모양의 짧은 변의 길이를 ●cm라고 하면 긴 변의 길이는 (●×3) cm이므로

$$(● \times 3) + ● + (● \times 3) + ● = 88$$
$$● \times 8 = 88$$
$$● = 88 \div 8$$
$$● = 11 \, (cm)$$

따라서 짧은 변의 길이가 11 cm이므로 긴 변의 길이는

11×3＝33(cm)입니다.

5-1 40 cm, 20 cm

짧은 도막의 길이를 □cm라고 하면 긴 도막의 길이는 (□×2) cm이므로

□＋(□×2)＝60, □×3＝60, □＝60÷3, □＝20(cm)입니다.

따라서 짧은 도막의 길이가 20 cm이므로 긴 도막의 길이는 20×2＝40(cm)입니다.

5-2 30 cm, 15 cm

직사각형 모양의 짧은 변의 길이를 □cm라고 하면 긴 변의 길이는 (□×2) cm이므로

□＋(□×2)＋□＋(□×2)＝90, □×6＝90, □＝90÷6, □＝15(cm)입니다.

따라서 짧은 변의 길이가 15 cm이므로 긴 변의 길이는 15×2＝30(cm)입니다.

5-3 24 cm

색칠한 직사각형의 짧은 변의 길이를 □cm라고 하면 긴 변의 길이는

(□×2) cm이므로 □＋(□×2)＋□＋(□×2)＝72, □×6＝72, □＝72÷6, □＝12(cm)입니다.

따라서 큰 정사각형의 한 변의 길이는 색칠한 직사각형의 긴 변의 길이와 같으므로

12×2＝24(cm)입니다.

5-4 120 cm

직사각형 모양 한 개의 긴 변의 길이는 짧은 변의 길이의 3배이므로 짧은 변의 길이를 □cm라고 하면 긴 변의 길이는 (□×3) cm입니다.

➡ □＋(□×3)＋□＋(□×3)＝80, □×8＝80, □＝80÷8, □＝10(cm)

따라서 직사각형 모양 한 개의 긴 변의 길이는 $10 \times 3 = 30$(cm)이므로 처음 정사각형 모양의 한 변의 길이도 30cm입니다.

➡ (처음 정사각형 모양의 네 변의 길이의 합)$= 30 \times 4 = 120$(cm)

$$\begin{array}{r} 1\ \blacktriangle \\ 4{\overline{\smash{)}\,7\ \blacksquare}} \\ \underline{4} \leftarrow 4 \times 1 \\ 3\ \blacksquare \\ \underline{3\ \blacksquare} \\ 0 \leftarrow 4 \times \blacktriangle \end{array}$$

4로 나누어떨어지므로 왼쪽 나눗셈에서
$4 \times \blacktriangle = 3\blacksquare$입니다.
4의 단 곱셈구구에서 곱의 십의 자리가 3인 경우는
$4 \times 8 = 32$, $4 \times 9 = 36$이므로
$\blacksquare$에 알맞은 수는 2, 6입니다.

6-1 4

$$\begin{array}{r} 1\ \triangle \\ 7{\overline{\smash{)}\,8\ \square}} \\ \underline{7} \\ 1\ \square \\ \underline{1\ \square} \\ 0 \end{array}$$

7로 나누어떨어지므로 왼쪽 나눗셈에서 $7 \times \triangle = 1\square$입니다.
7의 단 곱셈구구에서 곱의 십의 자리가 1인 경우는
$7 \times 2 = 14$이므로 $\square$ 안에 알맞은 수는 4입니다.

6-2 0, 8

$$\begin{array}{r} 1\ 1\ \triangle \\ 8{\overline{\smash{)}\,9\ 2\ \square}} \\ \underline{8} \\ 1\ 2 \\ \underline{\ \ 8} \\ 4\ \square \\ \underline{4\ \square} \\ 0 \end{array}$$

8로 나누어떨어지므로 왼쪽 나눗셈에서 $8 \times \triangle = 4\square$입니다.
8의 단 곱셈구구에서 곱의 십의 자리가 4인 경우는 $8 \times 5 = 40$,
$8 \times 6 = 48$이므로 $\square$ 안에 알맞은 수는 0, 8입니다.

6-3 65

$$\begin{array}{r} 1\ \triangle \\ 5{\overline{\smash{)}\,6\ \square}} \\ \underline{5} \\ 1\ \square \\ \underline{1\ \square} \\ 0 \end{array}$$

60보다 크고 70보다 작은 수이므로 구하는 수를 6$\square$로 놓으면
왼쪽 나눗셈에서 $5 \times \triangle = 1\square$입니다.
5의 단 곱셈구구에서 $5 \times 2 = 10$, $5 \times 3 = 15$인데 6$\square$는 60보다 커야
하므로 $\square = 5$입니다.
따라서 구하는 수는 65입니다.

6-4 98

$$\begin{array}{r} 1\ 4\ \triangle \\ 6{\overline{\smash{)}\,8\ 8\ \square}} \\ \underline{6} \\ 2\ 8 \\ \underline{2\ 4} \\ 4\ \square \\ \underline{4\ \square} \\ 0 \end{array}$$

• 800보다 크고 900보다 작습니다. → 8$\square\square$
• 백의 자리와 십의 자리 숫자는 서로 같습니다. → 88$\square$
• 6으로 나누어떨어지므로 왼쪽 나눗셈에서 $6 \times \triangle = 4\square$입니다.
6의 단 곱셈구구에서 곱의 십의 자리가 4인 경우는 $6 \times 7 = 42$,
$6 \times 8 = 48$이므로 세 조건을 모두 만족하는 수는 882, 888입니다.
➡ $882 \div 9 = 98$, $888 \div 9 = 98 \cdots 6$이므로 몫은 98입니다.

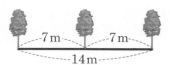

(간격 수)＝14÷7＝2(곳)

➡ (나무 수)＝2＋1＝3(그루)

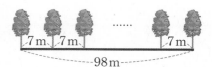

(간격 수)＝98÷7＝14(곳)

➡ (나무 수)＝14＋1＝15(그루)

따라서 나무를 심을 때 산책로의 한쪽에 필요한 나무는 15그루이므로
산책로의 양쪽에 필요한 나무는 모두 $15 \times 2 = 30$(그루)입니다.

7-1 16개

(가로등 수)＝(간격 수)＝80÷5＝16(개)

7-2 80개

(간격 수)＝351÷9＝39(곳)
(도로의 한쪽에 필요한 안내판 수)＝39＋1＝40(개)
(도로의 양쪽에 필요한 안내판 수)＝40×2＝80(개)

7-3 30 m

(길의 한쪽에 놓여 있는 의자 수)＝20÷2＝10(개)
(의자 사이의 간격 수)＝10－1＝9(곳)
(의자 사이의 간격)＝270÷9＝30(m)

7-4 95개

나무 사이의 간격 수는 나무 수와 같은 5곳이므로
(나무 사이의 간격의 길이)＝300÷5＝60(m)입니다.
길이가 60 m인 부분의 시작과 끝 부분에 나무가 심어져 있으므로
말뚝을 3 m 간격으로 박으면 말뚝은
(60÷3)－1＝20－1＝19(개) 필요합니다.
따라서 나무 사이의 간격은 5곳이므로 필요한 말뚝은 모두
$19 \times 5 = 95$(개)입니다.

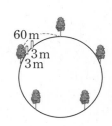

왼쪽 도형에서 굵은 선의 길이는 16 cm인 변 12개의 길이와 같으므로
$16 \times 12 = 192$(cm)입니다.
오른쪽 도형에서 굵은 선의 길이는 ■cm인 변 6개의 길이와 같고 왼쪽 도형의 굵은 선의 길이가 192 cm이므로 ■×6＝192(cm)입니다.
➡ ■＝192÷6
　■＝32

8-1 32 cm

(정사각형의 네 변의 길이의 합)$=24\times4=96$(cm)
(삼각형의 한 변의 길이)$=96\div3=32$(cm)

8-2 48 cm

왼쪽 도형의 둘레의 길이는 20 cm인 변 12개의 길이와 같으므로 $20\times12=240$(cm)입니다.
따라서 오각형의 둘레의 길이도 240 cm이므로 한 변의 길이는 $240\div5=48$(cm)입니다.

8-3 27

설아가 만든 모양에서 철사의 길이는 ■cm인 변 9개의 길이와 같으므로
■$=117\div9=13$(cm)입니다.
희재가 만든 모양에서 철사의 길이는 ▲cm인 변 8개의 길이와 같으므로
▲$=112\div8=14$(cm)입니다.
➡ ■$+$▲$=13+14=27$

MATH MASTER

1 2개

$24\div9=2\cdots6$, $29\div4=7\cdots1$, $42\div9=4\cdots6$, $49\div2=24\cdots1$, $92\div4=23$, $94\div2=47$
따라서 나누어떨어지는 나눗셈식은 $92\div4$, $94\div2$로 2개입니다.

2 6개

(소라와 동생이 딴 귤의 수)$=54+42=96$(개)
(한 봉지에 담은 귤의 수)$=96\div8=12$(개)
(소라가 먹은 귤의 수)$=12\div2=6$(개)

3 44 cm

(정사각형의 한 변의 길이)$=528\div4=132$(cm)
정사각형의 한 변의 길이는 작은 직사각형의 짧은 변의 길이의 3배이므로
(작은 직사각형의 짧은 변의 길이)$=132\div3=44$(cm)입니다.

4 10 cm

(색 테이프 10장의 길이)$=25\times10=250$(cm)
(겹쳐진 부분의 길이의 합)$=250-160=90$(cm)
색 테이프를 10장 이어 붙이면 겹쳐진 부분은 9곳이므로
(겹쳐진 부분의 길이)$=90\div9=10$(cm)입니다.

5 78

$60\div6=10$, $66\div6=11$, $72\div6=12$, $78\div6=13$이므로 60보다 크고 80보다 작은 수 중 6으로 나누면 나누어떨어지는 수는 66, 72, 78입니다.

이 수들을 7로 나누면 66÷7＝9…3, 72÷7＝10…2, 78÷7＝11…1이므로 7로 나누었을 때 나머지가 1인 수는 78입니다.

6 14개

(새롬이와 영진이가 1주 동안 접은 종이배의 수)＝980÷5＝196(개)
(새롬이와 영진이가 하루에 접은 종이배의 수)＝196÷7＝28(개)
(새롬이가 하루에 접은 종이배의 수)＝28÷2＝14(개)

7 60개

(땅의 둘레의 길이)＝54＋36＋54＋36＝180(m)
(필요한 말뚝의 수)＝(말뚝 사이의 간격 수)＝180÷3＝60(개)

다른 풀이
(땅의 긴 변에 박는 말뚝 수)＝(말뚝 사이의 간격 수)＋1＝(54÷3)＋1＝18＋1＝19(개)
(땅의 짧은 변에 박는 말뚝 수)＝(말뚝 사이의 간격 수)＋1＝(36÷3)＋1＝12＋1＝13(개)
땅의 꼭짓점 부분의 말뚝이 겹치므로 (필요한 말뚝 수)＝19＋13＋19＋13－4＝60(개)

---

8 35, 5

●÷▲＝7에서 ●＝▲×7입니다.
●×▲＝175에서 (▲×7)×▲＝175, ▲×▲＝175÷7, ▲×▲＝25
이때 5×5＝25이므로 ▲＝5이고, ●＝5×7＝35입니다.

9 15 g

(노란 구슬 한 개의 무게)＝39÷3＝13(g)이므로
(노란 구슬 4개의 무게)＝13×4＝52(g)입니다.
(노란 구슬 4개의 무게)＋(파란 구슬 3개의 무게)＝97에서
52＋(파란 구슬 3개의 무게)＝97, (파란 구슬 3개의 무게)＝97－52＝45(g)이므로
(파란 구슬 한 개의 무게)＝45÷3＝15(g)입니다.

10 30분

(㉮ 기계가 1분 동안 만드는 장난감 수)＝30÷2＝15(개)
(㉯ 기계가 1분 동안 만드는 장난감 수)＝48÷4＝12(개)
㉮ 기계가 ㉯ 기계보다 1분 동안 장난감을 15－12＝3(개)씩 더 만들고 ㉮ 기계가 ㉯ 기계보다 장난감을 90개 더 만들었을 때 두 기계를 껐으므로
(두 기계가 동시에 켜져 있던 시간)＝90÷3＝30(분)입니다.

11 2명

96÷8＝12, 104÷8＝13, 112÷8＝14, 120÷8＝15, 128÷8＝16에서 100보다 크고 130보다 작은 수 중 8로 나누면 나누어떨어지는 수는 104, 112, 120, 128입니다.
이 수들을 5로 나누면 104÷5＝20…4, 112÷5＝22…2, 120÷5＝24, 128÷5＝25…3이므로 5로 나누었을 때 나머지가 3인 수는 128입니다.
따라서 현서네 학교 3학년 학생은 128명이므로 9명씩 모둠을 만들면 128÷9＝14…2에서 14모둠이 되고 2명이 남습니다.

3 원

1 원의 중심과 반지름, 지름, 원의 성질

1 선분 ㄱㄷ / 선분 ㅇㄱ,
선분 ㅇㄴ, 선분 ㅇㄷ

원의 지름은 원의 중심인 점 ㅇ을 지나는 선분입니다.
원의 반지름은 원의 중심인 점 ㅇ과 원 위의 한 점을 이은 선분입니다.

2 ⓒ

㉠, ㉡, ㉣은 원의 지름에 대한 설명이고, ⓒ은 원의 반지름에 대한 설명입니다.
따라서 원에서 설명하는 것이 다른 하나는 ⓒ입니다.

3 72 cm

(원의 지름)＝9×2＝18(cm)
정사각형의 한 변은 원의 지름의 길이와 같은 18cm이므로
(정사각형의 둘레)＝18×4＝72(cm)입니다.

4 12 cm

(삼각형의 둘레)＝(지름)×3
➡ (지름)＝(삼각형의 둘레)÷3＝36÷3＝12(cm)

5 26 cm

(사각형의 둘레)＝(네 원의 지름의 합)
＝8＋5＋8＋5＝26(cm)

2 원 그리기, 원을 이용하여 여러 가지 모양 그리기

1 5 cm

원의 지름이 10 cm이므로 원의 반지름은 10÷2＝5(cm)입니다.
따라서 컴퍼스의 침과 연필 사이를 5 cm만큼 벌려야 합니다.

2 5개

오른쪽 그림과 같이 원의 중심은 5개입니다.

3 ⑩

1 cm
1 cm

원을 둘로 똑같이 나누는 선분은 지름이므로 모눈 눈금 4칸을 지름으로 하는 원을 그립니다.

4 4, 5 / 5, 20

(선분 ㄱㄴ)=(원의 반지름)×5=4×5=20(cm)

5 7 cm

(선분 ㄱㄴ)=(원의 반지름)×4이므로
(원의 반지름)=(선분 ㄱㄴ)÷4=28÷4=7(cm)입니다.

대표문제 1

- 원 안에 그을 수 있는 선분 중 가장 긴 선분은 (반지름 , ⟨지름⟩)이므로 서진이가 그린 원의 (반지름 , ⟨지름⟩)은 12 cm입니다.
- 컴퍼스의 침과 연필심 사이의 거리는 원의 (⟨반지름⟩ , 지름)이므로 예성이가 그린 원의 (⟨반지름⟩ , 지름)은 7 cm입니다.
  따라서 예성이가 그린 원의 지름은 7×2=14(cm)입니다.
- 원을 둘로 똑같이 나누는 선분은 원의 (반지름 , ⟨지름⟩)이므로 지은이가 그린 원의 (반지름 , ⟨지름⟩)은 10 cm입니다.

따라서 원의 지름의 길이를 비교하면 10 cm<12 cm<14 cm이므로
지은이가 그린 원이 가장 작습니다.

1-1 (1) 지름에 ○표
(2) 같고에 ○표, 2에 ○표

(1) 원의 중심을 지나는 선분은 원의 지름입니다.
(2) 한 원에서 지름의 길이는 반지름의 길이의 2배입니다.

1-2 민주, 성환, 유라

민주가 그린 원의 반지름이 8 cm이므로 원의 지름은 8×2=16(cm)입니다.
성환이가 그린 원의 지름은 정사각형의 한 변과 같은 14 cm입니다.
원의 중심을 지나는 선분은 원의 지름이므로 유라가 그린 원의 지름은 9 cm입니다.
따라서 원의 지름의 길이를 비교하면 16 cm>14 cm>9 cm이므로 큰 원을 그린 어린이부터 차례로 이름을 쓰면 민주, 성환, 유라입니다.

1-3 ㉠, ㉡

㉠ 원의 지름은 선분 ㄴㅂ으로 4×2=8(cm)입니다.
㉡ 원의 반지름을 나타내는 선분은 선분 ㅇㄱ, 선분 ㅇㄴ, 선분 ㅇㄹ, 선분 ㅇㅂ으로 모두 4개입니다.
㉢ 선분 ㄷㅁ의 길이는 반지름의 길이인 4 cm보다 길고 지름의 길이인 8 cm보다 짧습니다.
㉣ 원을 둘로 똑같이 나누는 선분은 원의 지름으로 그 길이는 8 cm입니다.

정사각형의 네 변의 길이는 모두 같고 둘레가 40 cm이므로
(변 ㄱㄴ)＝(변 ㄴㄷ)＝(변 ㄷㄹ)＝(변 ㄹㄱ)＝40÷4＝10(cm)입니다.
변 ㄹㄴ은 원의 지름이므로 (변 ㄹㄴ)＝7×2＝14(cm)입니다.
따라서 삼각형 ㄹㄴㄷ의 둘레는
(변 ㄹㄴ)＋(변 ㄴㄷ)＋(변 ㄷㄹ)＝14＋10＋10＝34(cm)입니다.

2-1 20 cm

변 ㄴㄷ은 원의 지름이므로 (변 ㄴㄷ)＝14×2＝28(cm)입니다.
(변 ㄱㄴ)＝(변 ㄱㄷ)＝□cm라고 하면 삼각형 ㄱㄴㄷ의 둘레가 68 cm이므로
□＋□＋28＝68, □＋□＝40, □＝20(cm)입니다.

2-2 9 cm

선분 ㄱㅇ과 선분 ㄴㅇ은 원의 반지름으로 길이가 같습니다.
원의 반지름을 □cm라고 하면 삼각형 ㄱㅇㄷ의 둘레가 37 cm이므로
(변 ㄱㅇ)＋(변 ㅇㄷ)＋(변 ㄷㄱ)＝□＋□×2＋10＝37,
□×3＝27, □＝9(cm)입니다.

2-3 51 cm

직사각형 ㄱㄴㄷㄹ의 가로는 원의 지름의 길이와 같고 세로는 원의 반지름의 길이와 같습니다.
원의 반지름을 □cm라고 하면 (변 ㄱㄴ)＝□cm, (변 ㄴㄷ)＝(□×2) cm이므로
□＋(□×2)＋□＋(□×2)＝90, □×6＝90, □＝90÷6＝15(cm)입니다.
따라서 (변 ㅇㅁ)＝(변 ㅇㅂ)＝15 cm이므로 삼각형 ㅇㅁㅂ의 둘레는
15＋21＋15＝51(cm)입니다.

2-4 40 cm

(변 ㄱㄴ)＝□cm라고 하면 (변 ㄴㄷ)＝(□＋2) cm이므로
□＋(□＋2)＋□＋(□＋2)＝28, □×4＋4＝28, □×4＝24,
□＝6(cm)입니다.
(선분 ㄱㅇ)＝(변 ㄱㄴ)－1＝6－1＝5(cm)이므로
원의 지름은 5×2＝10(cm)입니다.
따라서 정사각형의 한 변은 원의 지름과 같은 10 cm이므로 둘레는 10×4＝40(cm)입니다.

3

그리려는 원의 지름은 1×2＝2(cm)입니다.
정사각형의 가로와 세로에 각각 6÷2＝3(개)씩 그릴 수 있으므로 원을 3×3＝9(개)까지 그릴 수 있습니다.

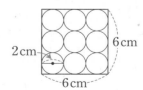

3-1 12 cm, 6 cm

직사각형의 가로는 원의 지름의 4배이므로 $3 \times 4 = 12$(cm)입니다.
직사각형의 세로는 원의 지름의 2배이므로 $3 \times 2 = 6$(cm)입니다.

3-2 15개

원의 지름은 $2 \times 2 = 4$(cm)이므로 직사각형의 가로에 $12 \div 4 = 3$(개),
세로에 $20 \div 4 = 5$(개) 그릴 수 있습니다.
따라서 원을 $3 \times 5 = 15$(개)까지 그릴 수 있습니다.

3-3 27개

큰 원의 지름은 $6 \times 2 = 12$(cm), 작은 원의 지름은 $3 \times 2 = 6$(cm)이므로
(직사각형의 가로) $= 12 + 6 + 12 + 6 = 36$(cm)
(직사각형의 세로) $=$ (큰 원의 지름) $= 12$ cm
따라서 지름이 4 cm인 원을 가로에 $36 \div 4 = 9$(개), 세로에 $12 \div 4 = 3$(개) 그릴 수 있
으므로 $9 \times 3 = 27$(개)까지 그릴 수 있습니다.

3-4 30 cm

다연이가 정사각형의 가로와 세로에 그린 원을 각각 □개라고 하면
$□ \times □ = 25$이므로 $5 \times 5 = 25$에서 $□ = 5$입니다.
다연이는 정사각형의 한 변에 원을 5개씩 그렸으므로
(정사각형의 한 변) $=$ (원의 지름) $\times 5 = (3 \times 2) \times 5 = 30$(cm)입니다.
따라서 한 변이 30 cm인 정사각형 안에 그릴 수 있는 가장 큰 원의 지름은 정사각형의
한 변과 같은 30 cm입니다.

70~71쪽

(가장 큰 원의 반지름) $= 40 \div 2 = 20$(cm)
(중간 원의 지름) $=$ (가장 큰 원의 반지름) $= 20$ cm
(중간 원의 반지름) $= 20 \div 2 = 10$(cm)
(가장 작은 원의 지름) $=$ (중간 원의 반지름) $= 10$ cm
(가장 작은 원의 반지름) $= 10 \div 2 = 5$(cm)

4-1 28 cm

(작은 원의 지름) $= 7 \times 2 = 14$(cm)
(큰 원의 반지름) $=$ (작은 원의 지름) $= 14$ cm
(큰 원의 지름) $= 14 \times 2 = 28$(cm)

4-2 24 cm

(가장 작은 원의 지름) $= 3 \times 2 = 6$(cm)
(중간 원의 반지름) $=$ (가장 작은 원의 지름) $= 6$ cm
(중간 원의 지름) $= 6 \times 2 = 12$(cm)
(가장 큰 원의 반지름) $=$ (중간 원의 지름) $= 12$ cm
(선분 ㄱㄴ) $=$ (가장 큰 원의 지름) $= 12 \times 2 = 24$(cm)

4-3 5 cm

(반원의 지름)=(정사각형의 한 변)=80÷4=20(cm)
(작은 원의 지름)=(반원의 반지름)=20÷2=10(cm)
(작은 원의 반지름)=10÷2=5(cm)

4-4 64 cm

(선분 ㄴㄷ)=□cm라고 하면 (선분 ㄱㄴ)=(□×2) cm이므로
□×2+□=24, □×3=24, □=8(cm)입니다.
따라서 (선분 ㄱㄴ)=8×2=16(cm)이므로
(중간 반원의 지름)=16×2=32(cm), (가장 큰 반원의 지름)=32×2=64(cm)입니다.

대표문제 5

정사각형은 네 변의 길이가 모두 같으므로
(정사각형의 한 변)=32÷4=8(cm)입니다.
원의 반지름을 ■ cm라고 하면 정사각형의 한 변이 8 cm이므로
■+4+■=8, ■+■=4, ■=2(cm)입니다.
따라서 원의 반지름은 2 cm입니다.

5-1 5 cm

정사각형은 네 변의 길이가 모두 같으므로
(정사각형의 한 변)=40÷4=10(cm)입니다.
원의 반지름을 □cm라고 하면 □+□=10, □=5(cm)입니다.
따라서 원의 반지름은 5 cm입니다.

5-2 16 cm

(삼각형의 한 변)=69÷3=23(cm)
원의 반지름을 □cm라고 하면 □+7+□=23, □+□=16, □=8(cm)입니다.
따라서 원의 지름은 8×2=16(cm)입니다.

5-3 4 cm

직사각형의 세로를 □cm라고 하면 둘레가 56 cm이므로
15+□+15+□=56, □+□=26, □=13(cm)입니다.
원의 반지름을 △ cm라고 하면 직사각형의 세로가 13 cm이므로
△+5+△=13, △+△=8, △=4(cm)입니다.
따라서 원의 반지름은 4 cm입니다.

5-4 10 cm

(오각형의 한 변)=90÷5=18(cm)
작은 원의 반지름을 □cm라고 하면 큰 원의 반지름은 (□×2) cm이므로
□×2+6+□=18, □×3=12, □=4(cm)입니다.
따라서 작은 원의 반지름이 4 cm이므로 4+㉠+4=18, ㉠=10(cm)입니다.

6

색칠한 사각형의 네 변은 모두 원의 반지름으로 길이가 같으므로
(사각형의 한 변)=28÷4=7(cm)입니다.
선분 ㄱㄴ의 길이는 원의 반지름의 3배이므로 (선분 ㄱㄴ)=7×3=21(cm)입니다.

6-1 45 cm

색칠한 삼각형의 세 변은 모두 원의 반지름이므로 30÷2=15(cm)입니다.
➡ (삼각형의 둘레)=15×3=45(cm)

6-2 28 cm

작은 원의 반지름을 □ cm라고 하면 큰 원의 반지름은 (□×2) cm이므로
(사각형의 둘레)=□+□+(□×2)+(□×2)=42, □×6=42, □=7(cm)입니다.
따라서 큰 원의 반지름이 7×2=14(cm)이므로 지름은 14×2=28(cm)입니다.

6-3 35 cm

삼각형의 세 변은 모두 원의 반지름으로 길이가 같으므로
(삼각형의 한 변)=21÷3=7(cm)입니다.
따라서 원의 반지름은 7 cm이므로 (직사각형의 가로)=7×3=21(cm),
(직사각형의 세로)=7×2=14(cm)입니다.
➡ (가로)+(세로)=21+14=35(cm)

6-4 30 cm

색칠한 사각형의 네 변은 모두 원의 반지름으로 길이가 같으므로
(사각형의 한 변)=56÷4=14(cm)입니다.
따라서 작은 원의 반지름은 사각형의 한 변의 길이와 같은 14 cm이고
선분 ㄴㄷ은 작은 원의 반지름의 3배이므로 (선분 ㄴㄷ)=14×3=42(cm)입니다.
(선분 ㄱㄴ)=(선분 ㄱㄷ)=□ cm라고 하면
□+□+42=102, □+□=60, □=30(cm)입니다.

7

점 ㄱ이 중심인 원의 반지름을 ■ cm, 점 ㄴ이 중심인 원의 반지름을 ▲ cm, 점 ㄷ이 중심인 원의 반지름을 ● cm라고 하면 삼각형 ㄱㄴㄷ의 둘레가 44 cm이므로
■+9+▲+▲+●+●+9+■=44
(■+▲+●)×2+18=44
(■+▲+●)×2=26
■+▲+●=26÷2=13(cm)
따라서 세 원의 반지름의 합은 13 cm입니다.

7-1 30 cm

(작은 원의 반지름)=6÷2=3(cm)
(변 ㄱㄴ)=(변 ㄱㄷ)=3+6=9(cm), (변 ㄴㄷ)=6+6=12(cm)
➡ (삼각형 ㄱㄴㄷ의 둘레)=9+12+9=30(cm)

7-2 13 cm

세 점 ㄱ, ㄴ, ㄷ을 중심으로 하는 원의 반지름을 각각 $\square$ cm, $\triangle$ cm, $\bigcirc$ cm라고 하면
삼각형 ㄱㄴㄷ의 둘레가 34 cm이므로
$\square+8+\triangle+\triangle+\bigcirc+\bigcirc+\square=34$, $(\square+\triangle+\bigcirc)\times2=26$, $\square+\triangle+\bigcirc=13$
입니다.
따라서 세 원의 반지름의 합은 13 cm입니다.

7-3 2 cm

네 점 ㄱ, ㄴ, ㄷ, ㄹ을 중심으로 하는 원의 반지름을 각각 $\square$ cm, $\triangle$ cm, $\bigcirc$ cm,
☆ cm라고 하면 삼각형 ㄱㄴㄹ의 둘레가 45 cm이므로
$\square+7+\triangle+\triangle+9+☆+☆+7+\square=45$
$(\square+\triangle+☆)\times2+23=45$, $(\square+\triangle+☆)\times2=22$, $\square+\triangle+☆=11$……㉠
삼각형 ㄴㄷㄹ의 둘레가 35 cm이므로
$\triangle+\bigcirc+\bigcirc+☆+☆+9+\triangle=35$
$(\triangle+\bigcirc+☆)\times2+9=35$, $(\triangle+\bigcirc+☆)\times2=26$, $\triangle+\bigcirc+☆=13$……㉡
㉡에서 ㉠을 빼면
$(\triangle+\bigcirc+☆)-(\square+\triangle+☆)=13-11=2$, $\bigcirc-\square=2$
따라서 점 ㄱ을 중심으로 하는 원과 점 ㄷ을 중심으로 하는 원의 반지름의 차는 2 cm입니다.

78~79쪽

 원을 1개 그리면 (선분 ㄱㄴ)=(반지름)×2

 원을 2개 그리면 (선분 ㄱㄴ)=(반지름)×3

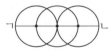 원을 3개 그리면 (선분 ㄱㄴ)=(반지름)×4

따라서 원을 21개 그리면 선분 ㄱㄴ의 길이는 반지름의 22배이므로
(선분 ㄱㄴ)=$5\times22=110$(cm)입니다.

8-1 77 cm

선분 ㄱㄴ의 길이는 원의 반지름 7개의 길이와 같으므로
(선분 ㄱㄴ)=$11\times7=77$(cm)입니다.

8-2 2 cm

원을 25개 그렸으므로 선분 ㄱㄴ의 길이는 원의 반지름 26개의 길이와 같습니다.
원의 반지름을 $\square$ cm라고 하면 $\square\times26=52$, $\square=2$(cm)입니다.

8-3 18개

(원의 반지름)=$8\div2=4$(cm)
원의 개수를 $\square$개라고 하면 선분 ㄱㄴ의 길이는 반지름 $(\square+1)$개의 길이와 같으므로
$4\times(\square+1)=76$, $\square+1=19$, $\square=18$(개)입니다.

8-4 6 cm

원을 12개 그렸으므로 직사각형의 가로는 원의 반지름 13개의 길이와 같습니다.

원의 반지름을 □ cm라고 하면 (가로)=(□×13) cm, (세로)=(□×2) cm이므로

(□×13)+(□×2)+(□×13)+(□×2)=90,

□×30=90, □=3(cm)입니다.

따라서 원의 지름은 3×2=6(cm)입니다.

1 3 cm, 1 cm

(가장 작은 원의 반지름)=2÷2=1(cm)

(중간 원의 반지름)=6÷2=3(cm)

(가장 큰 원의 반지름)=8÷2=4(cm)

➡ ㉠=(가장 큰 원의 반지름)−(가장 작은 원의 반지름)=4−1=3(cm)

㉡=(가장 큰 원의 반지름)−(중간 원의 반지름)=4−3=1(cm)

2 5개

원의 중심을 찾아 표시하면 오른쪽과 같으므로 원의 중심은 모두 5개입니다.

3 3 cm

(작은 원의 지름)=24÷4=6(cm)

(작은 원의 반지름)=6÷2=3(cm)

따라서 작은 원의 반지름이 3 cm이므로 컴퍼스의 침과 연필 사이를 3 cm만큼 벌려야 합니다.

4 12 cm

(작은 원의 반지름)=14÷2=7(cm)

(큰 원의 반지름)=18÷2=9(cm)

(선분 ㄱㄹ)=(선분 ㄱㄷ)+(선분 ㄴㄹ)−(선분 ㄴㄷ)=7+9−4=12(cm)

5 10 cm

원의 반지름을 □ cm라고 하면 사각형 ㄱㄴㄷㄹ의 둘레는 원의 반지름 10개의 길이와 같으므로 □×10=50, □=5(cm)입니다.

따라서 원의 지름은 5×2=10(cm)입니다.

6 2 cm

큰 원의 지름이 6 cm이므로 작은 원 2개의 지름의 합은 14−6=8(cm)입니다.

따라서 (작은 원의 지름)=8÷2=4(cm)이므로

(작은 원의 반지름)=4÷2=2(cm)입니다.

7 60 cm

선분 ㄱㄴ의 길이는 원의 반지름의 3배이므로 (원의 반지름)$=30÷3=10$(cm)입니다.
색칠한 사각형의 두 변은 원의 반지름과 같고 나머지 두 변은 원의 반지름의 2배와 같으므로 둘레는 원의 반지름의 6배와 같습니다.
따라서 (사각형의 둘레)$=10×6=60$(cm)입니다.

8 25개

색종이의 한 변은 $5+5=10$(cm)이고 그리려는 원의 지름은 $1×2=2$(cm)입니다.
따라서 색종이의 가로와 세로에 반지름이 1 cm인 원을 각각 $10÷2=5$(개)씩 그릴 수 있으므로 $5×5=25$(개)까지 그릴 수 있습니다.

9 3 cm

오른쪽 그림과 같이 삼각형의 둘레는 7 cm인 부분 4곳과 ⓒ인 부분 2곳으로 되어 있으므로 $7×4+ⓒ×2=36$, $28+ⓒ×2=36$, $ⓒ×2=8$, $ⓒ=4$(cm)입니다.
➡ $㉠=7-ⓒ=7-4=3$(cm)

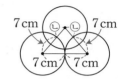

10 7개

(원의 반지름)$=10÷2=5$(cm)
직사각형의 가로와 세로의 합이 $100÷2=50$(cm)이므로
(가로)$=50-10=40$(cm)입니다.
원의 개수를 □개라고 하면 직사각형의 가로는 원의 반지름 (□+1)개의 길이와 같으므로 $5×(□+1)=40$, $□+1=8$, $□=7$(개)입니다.

11 6 cm

가장 큰 원의 반지름은 $36÷2=18$(cm)입니다.
정사각형의 한 변을 ■ cm라고 하면
가장 작은 원의 반지름은 ■ cm이므로
중간 원의 반지름은 (■+■) cm, 즉 (■×2) cm이고,
가장 큰 원의 반지름은 (■×2+■) cm, 즉 (■×3) cm입니다.
따라서 $■×3=18$, $■=6$(cm)이므로 정사각형의 한 변은 6 cm입니다.

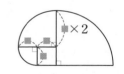

4 분수

1 분수로 나타내기, 분수만큼은 얼마인지 알아보기

84~85쪽

1 (1) $\frac{1}{2}$ (2) $\frac{1}{3}$ (3) $\frac{3}{4}$

(1) 12를 6씩 묶으면 2묶음이 되고 6은 2묶음 중에서 1묶음이므로 12의 $\frac{1}{2}$입니다.

(2) 12를 4씩 묶으면 3묶음이 되고 4는 3묶음 중에서 1묶음이므로 12의 $\frac{1}{3}$입니다.

(3) 12를 3씩 묶으면 4묶음이 되고 9는 4묶음 중에서 3묶음이므로 12의 $\frac{3}{4}$입니다.

2 $2\dfrac{3}{8}$

쿠키 32개를 한 접시에 4개씩 놓으면 접시는 $32\div4=8$(개)입니다.

따라서 세 접시에 놓인 쿠키는 전체의 $\dfrac{3}{8}$입니다.

3 8 m / 풀이 참조

0 1 2 3 4 5 6 7 8 9 10 11 12 13 14(m)

14의 $\dfrac{1}{7}$은 2이므로 14의 $\dfrac{4}{7}$는 8입니다.

따라서 선물상자를 포장하는 데 사용한 리본은 8 m입니다.

4 ②

① 49의 $\dfrac{2}{7}$는 14입니다.   ② 26의 $\dfrac{1}{2}$은 13입니다.

③ 35의 $\dfrac{3}{5}$은 21입니다.   ④ 81의 $\dfrac{4}{9}$는 36입니다.

⑤ 64의 $\dfrac{5}{8}$는 40입니다.

5 80

$\square$의 $\dfrac{7}{10}$이 56이므로 $\square$의 $\dfrac{1}{10}$은 $56\div7=8$입니다.

$\square$를 똑같이 10으로 나눈 것 중의 1이 8이므로 $\square=10\times8=80$입니다.

---

2 여러 가지 분수 알아보기, 분수의 크기 비교하기

1 $\dfrac{4}{5}$

가분수는 분자가 분모와 같거나 분모보다 큰 분수입니다.

$\dfrac{4}{5}$는 분자가 분모보다 작으므로 진분수입니다.

2 5개

분모가 6인 진분수는 $\dfrac{1}{6}$, $\dfrac{2}{6}$, $\dfrac{3}{6}$, $\dfrac{4}{6}$, $\dfrac{5}{6}$이므로 모두 5개입니다.

3 (1) $\dfrac{5}{4}$ (2) $4\dfrac{5}{9}$

(1) $1\dfrac{1}{4}=\dfrac{1\times4+1}{4}=\dfrac{5}{4}$ (2) $\dfrac{41}{9}\rightarrow41\div9=4\cdots5\rightarrow4\dfrac{5}{9}$

4 (앞에서부터) 7, 3, 59

가장 큰 대분수를 만들려면 가장 큰 수인 7을 자연수 부분에 놓고 두 번째로 큰 수인 3을 분자에 놓으면 됩니다.

➡ $7\dfrac{3}{8}=\dfrac{59}{8}$

5 $\dfrac{8}{25}$, $\dfrac{8}{17}$, $\dfrac{8}{11}$

분자가 8로 모두 같으므로 분모가 클수록 작은 수입니다.

$25>17>11$이므로 $\dfrac{8}{25}<\dfrac{8}{17}<\dfrac{8}{11}$입니다.

$$\frac{187}{20}\,\text{kg} = 9\frac{7}{20}\,\text{kg}$$

9=2+2+2+2+1이고 한 상자에 2 kg씩 담고 남는 딸기는 판매할 수 없습니다.
따라서 딸기는 모두 4상자를 판매할 수 있습니다.

1-1 7개

$\frac{54}{7}$컵=$7\frac{5}{7}$컵이므로 $\frac{54}{7}$컵은 7컵과 $\frac{5}{7}$컵이 됩니다.
따라서 부침개를 모두 7개 만들 수 있습니다.

1-2 11개

$\frac{184}{17}\,\text{kg}=10\frac{14}{17}\,\text{kg}$이므로 콩 $\frac{184}{17}\,\text{kg}$을 한 봉지에 1 kg씩 담으면 10봉지가 되고
$\frac{14}{17}\,\text{kg}$이 남습니다. 남는 콩도 봉지에 담아야 하므로 봉지는 적어도 11개가 필요합니다.

1-3 6번

$\frac{37}{12}$시간=$3\frac{1}{12}$시간이므로 $\frac{37}{12}$시간은 3시간과 $\frac{1}{12}$시간입니다.
이때 3시간은 180분, $\frac{1}{12}$시간은 5분이므로 현수는 공부를 30분, 60분, 90분, 120분,
150분, 180분 했을 때 쉬어야 합니다. 따라서 6번 쉬어야 합니다.

1-4 1450원

$\frac{439}{25}\,\text{km}=17\frac{14}{25}\,\text{km}$이므로 10 km까지는 1250원, 15 km까지는 1350원이고 남은
$2\frac{14}{25}\,\text{km}$는 100원을 더 내야 합니다.
따라서 내야 할 버스 요금은 1350+100=1450(원)입니다.

세영이가 자른 리본의 길이는 30 m의 $\frac{1}{6}$이므로 5 m입니다.
진수가 자른 리본의 길이는 30 m의 $\frac{4}{15}$이므로 30÷15×4=8(m)입니다.
태민이가 자른 리본의 길이는 30 m의 $\frac{3}{10}$이므로 30÷10×3=9(m)입니다.
5<8<9이므로 자른 리본의 길이가 가장 긴 사람은 태민입니다.

2-1 연우

연우가 가진 밤은 90개의 $\frac{1}{5}$이므로 18개, 지희가 가진 밤은 90개의 $\frac{3}{10}$이므로
90÷10×3=27(개), 민규가 가진 밤은 90개의 $\frac{2}{9}$이므로 90÷9×2=20(개)입니다.
18<20<27이므로 밤을 가장 적게 가지게 되는 사람은 연우입니다.

2-2 종이학, 종이비행기, 종이배

전체 색종이의 수는 $37+26=63$(장)입니다.

종이학을 접는 데 사용한 색종이는 63장의 $\frac{4}{9}$이므로 $63\div9\times4=28$(장),

종이비행기를 접는 데 사용한 색종이는 63장의 $\frac{3}{7}$이므로 $63\div7\times3=27$(장),

종이배를 접는 데 사용한 색종이는 $63-28-27=8$(장)입니다.

$28>27>8$이므로 색종이를 많이 사용한 것부터 차례로 쓰면 종이학, 종이비행기, 종이배입니다.

2-3 11개

상해서 버리고 남은 귤은 $85-13=72$(개)입니다.

수진이가 먹은 귤은 72개의 $\frac{1}{4}$이므로 18개, 도훈이가 먹은 귤은 72개의 $\frac{2}{9}$이므로

$72\div9\times2=16$(개), 성희가 먹은 귤은 72개의 $\frac{3}{8}$이므로 $72\div8\times3=27$(개)입니다.

$27>18>16$이므로 귤을 가장 많이 먹은 사람은 성희로 27개, 가장 적게 먹은 사람은 도훈이로 16개입니다.

따라서 성희는 도훈이보다 $27-16=11$(개) 더 많이 먹었습니다.

2-4 강아지, 2명

반려동물을 키우고 있는 학생은 27명의 $\frac{7}{9}$이므로 $27\div9\times7=21$(명)입니다.

강아지를 키우고 있는 학생은 21명의 $\frac{3}{7}$이므로 $21\div7\times3=9$(명)이고,

고양이를 키우고 있는 학생은 21명의 $\frac{1}{3}$이므로 $21\div3=7$(명)입니다.

$9>7$이므로 강아지를 키우고 있는 학생이 $9-7=2$(명) 더 많습니다.

92~93쪽

$4\frac{3}{8}=\frac{35}{8}$이고 $5\frac{1}{8}=\frac{41}{8}$이므로 $\frac{35}{8}<\frac{\bigstar}{8}<\frac{41}{8}$입니다.

따라서 ★에 들어갈 수 있는 수는 35보다 크고 41보다 작은 수이므로 36, 37, 38, 39, 40으로 모두 5개입니다.

3-1 14

$\frac{85}{18}=4\frac{13}{18}$이므로 $4\frac{13}{18}<4\frac{\square}{18}$입니다.

따라서 □ 안에 들어갈 수 있는 수는 13보다 크고 18보다 작은 수이므로 가장 작은 자연수는 14입니다.

3-2 5, 6, 7, 8

$\frac{52}{11}=4\frac{8}{11}$, $\frac{98}{11}=8\frac{10}{11}$이므로 $4\frac{8}{11}<\square\frac{5}{11}<8\frac{10}{11}$입니다.

따라서 □ 안에 들어갈 수 있는 자연수는 4보다 크고 8보다 작거나 같은 수이므로 5, 6, 7, 8입니다.

3-3 91

$4\dfrac{8}{9}=\dfrac{44}{9}$, $5\dfrac{2}{9}=\dfrac{47}{9}$이므로 $\dfrac{44}{9}<\dfrac{\square}{9}<\dfrac{47}{9}$입니다.

따라서 □ 안에 들어갈 수 있는 자연수는 44보다 크고 47보다 작은 수이므로 45, 46입니다.

→ $45+46=91$

3-4 10개

$\dfrac{81}{23}=3\dfrac{12}{23}$이므로 $3\dfrac{\square}{23}>3\dfrac{12}{23}$이고, □ 안에 들어갈 수 있는 자연수는 12보다 크고 23보다 작은 수입니다.

$13\dfrac{4}{7}=\dfrac{95}{7}$이므로 $\dfrac{95}{7}>\dfrac{\square}{7}$이고, □ 안에 들어갈 수 있는 자연수는 95보다 작은 수입니다.

따라서 □ 안에 공통으로 들어갈 수 있는 자연수는 13, 14, 15……22로 모두 10개입니다.

대표문제 **4**

$\dfrac{7}{12}=\dfrac{1}{12}$이 7개

★의 ($\dfrac{1}{12}$이 7개)만큼이 21이므로

★의 ($\dfrac{1}{12}$이 1개)만큼은 3입니다.

★의 $\dfrac{1}{12}$이 3이므로 ★은 $3\times12=36$입니다.

따라서 36의 $\dfrac{1}{9}$은 $36\div9=4$입니다.

4-1 15

$\dfrac{2}{3}$는 $\dfrac{1}{3}$이 2개이므로 어떤 수의 $\dfrac{1}{3}$은 $14\div2=7$입니다.

어떤 수의 $\dfrac{1}{3}$이 7이므로 어떤 수는 $7\times3=21$입니다.

따라서 21의 $\dfrac{5}{7}$는 $21\div7\times5=15$입니다.

4-2 35

$\dfrac{11}{15}$은 $\dfrac{1}{15}$이 11개이므로 어떤 수의 $\dfrac{1}{15}$은 $22\div11=2$입니다.

어떤 수의 $\dfrac{1}{15}$이 2이므로 어떤 수는 $2\times15=30$입니다.

따라서 30의 $1\dfrac{1}{6}$은 30의 $\dfrac{7}{6}$이므로 $30\div6\times7=35$입니다.

4-3 48

$\dfrac{3}{7}$은 $\dfrac{1}{7}$이 3개이므로 ●의 $\dfrac{1}{7}$은 $18\div3=6$입니다.

●의 $\dfrac{1}{7}$이 6이므로 ●$=6\times7=42$입니다. → ▲의 $\dfrac{7}{8}$은 42입니다.

$\dfrac{7}{8}$은 $\dfrac{1}{8}$이 7개이므로 ▲의 $\dfrac{1}{8}$은 $42\div7=6$입니다.

따라서 ▲의 $\dfrac{1}{8}$이 6이므로 ▲$=6\times8=48$입니다.

4-4 51

72의 $\dfrac{7}{12}$은 $72\div12\times7=42$이므로 ㉠$=42$입니다.

42의 $\dfrac{1}{14}$은 $42\div14=3$이므로 $3\times$㉡$=27$, ㉡$=9$입니다.

따라서 ㉠$+$㉡$=42+9=51$입니다.

세 분수를 대분수로 고치면 $\dfrac{144}{143}=1\dfrac{1}{143}$, $\dfrac{353}{352}=1\dfrac{1}{352}$, $\dfrac{279}{278}=1\dfrac{1}{278}$이므로 자연수 부분이 모두 같고 진분수 부분은 분자가 1인 단위분수입니다.

단위분수는 분모가 작을수록 큰 수이므로 진분수 부분의 크기를 비교하면

$\dfrac{1}{143}>\dfrac{1}{278}>\dfrac{1}{352}$입니다.

따라서 큰 수부터 차례로 쓰면 $\dfrac{144}{143}$, $\dfrac{279}{278}$, $\dfrac{353}{352}$입니다.

5-1 $\dfrac{65}{9}$, $\dfrac{79}{11}$, $\dfrac{107}{15}$

세 분수를 대분수로 고치면 $\dfrac{107}{15}=7\dfrac{2}{15}$, $\dfrac{65}{9}=7\dfrac{2}{9}$, $\dfrac{79}{11}=7\dfrac{2}{11}$이므로 자연수 부분이 같고 진분수는 분자가 같습니다.

분자가 같은 분수는 분모가 작을수록 큰 수이므로 진분수 부분의 크기를 비교하면

$\dfrac{2}{9}>\dfrac{2}{11}>\dfrac{2}{15}$입니다.

따라서 큰 수부터 차례로 쓰면 $\dfrac{65}{9}$, $\dfrac{79}{11}$, $\dfrac{107}{15}$입니다.

5-2 $\dfrac{127}{56}$

네 분수를 대분수로 고치면 $\dfrac{161}{73}=2\dfrac{15}{73}$, $\dfrac{217}{101}=2\dfrac{15}{101}$, $\dfrac{127}{56}=2\dfrac{15}{56}$, $\dfrac{299}{142}=2\dfrac{15}{142}$ 이므로 자연수 부분이 같고 진분수는 분자가 같습니다.

분자가 같은 분수는 분모가 작을수록 큰 수이므로 진분수 부분의 크기를 비교하면

$\dfrac{15}{56}>\dfrac{15}{73}>\dfrac{15}{101}>\dfrac{15}{142}$입니다.

따라서 가장 큰 분수는 $\dfrac{127}{56}$입니다.

5-3 $\dfrac{788}{789}$, $\dfrac{539}{540}$, $\dfrac{180}{181}$

$\dfrac{540}{540}=1$, $\dfrac{789}{789}=1$, $\dfrac{181}{181}=1$이므로

$\dfrac{539}{540}$는 $\dfrac{1}{540}$만큼, $\dfrac{788}{789}$은 $\dfrac{1}{789}$만큼, $\dfrac{180}{181}$은 $\dfrac{1}{181}$만큼 더 있어야 1이 됩니다.

단위분수는 분모가 작을수록 큰 수이므로 $\dfrac{1}{181} > \dfrac{1}{540} > \dfrac{1}{789}$ 입니다.

$\rightarrow \dfrac{788}{789} > \dfrac{539}{540} > \dfrac{180}{181}$

5-4 143

세 분수를 대분수로 고치면 $\dfrac{191}{48} = 3\dfrac{47}{48}$, $\dfrac{335}{84} = 3\dfrac{83}{84}$, $\dfrac{267}{67} = 3\dfrac{66}{67}$ 이므로 세 수가

각각 4가 되려면 $\dfrac{1}{48}$, $\dfrac{1}{84}$, $\dfrac{1}{67}$ 만큼씩 더 있어야 합니다.

$\dfrac{1}{48} > \dfrac{1}{67} > \dfrac{1}{84}$ 이므로 $\dfrac{191}{48} < \dfrac{267}{67} < \dfrac{335}{84}$ 입니다.

따라서 가장 작은 분수는 $\dfrac{191}{48}$ 이므로 분모와 분자의 차는 $191 - 48 = 143$ 입니다.

대표문제 6

분모가 같은 분수끼리 묶으면 $(\dfrac{1}{2})$, $(\dfrac{1}{3}, \dfrac{2}{3})$, $(\dfrac{1}{4}, \dfrac{2}{4}, \dfrac{3}{4})$……이므로 각 묶음은 분자

가 1씩 커지면서 진분수가 1개씩 늘어나는 규칙입니다.

8번째 묶음까지의 분수의 개수는 $1+2+3+4+5+6+7+8 = 36$(개)이므로 41번

째에 놓일 분수는 9번째 묶음의 5번째 수입니다.

따라서 9번째 묶음의 5번째 수는 분모가 10이고 분자가 5이므로 $\dfrac{5}{10}$ 입니다.

6-1 $17\dfrac{1}{3}$

$\dfrac{2}{3}$, $1\dfrac{1}{3} = \dfrac{4}{3}$, $\dfrac{6}{3}$, $2\dfrac{2}{3} = \dfrac{8}{3}$, $\dfrac{10}{3}$……이므로 분모는 3이고 분자는 2씩 커지는 규칙입

니다.

26번째에 놓일 분수의 분자는 $2 \times 26 = 52$ 이므로 26번째에 놓일 분수는 $\dfrac{52}{3}$ 입니다.

따라서 짝수 번째의 분수는 대분수이므로 $\dfrac{52}{3} = 17\dfrac{1}{3}$ 입니다.

6-2 $\dfrac{55}{75}$

분자는 1, 4, 7, 10, 13……이므로 3씩 커지고, 분모는 3, 7, 11, 15, 19……이므로

4씩 커지는 규칙입니다.

19번째에 놓일 분수의 분자는 1에서 3씩 18번 커진 수이므로

$1 + 3 \times 18 = 1 + 54 = 55$ 이고, 분모는 3에서 4씩 18번 커진 수이므로

$3 + 4 \times 18 = 3 + 72 = 75$ 입니다.

따라서 19번째에 놓일 분수는 $\dfrac{55}{75}$ 입니다.

6-3 2

분자가 같게 되도록 수를 묶으면 $(\dfrac{2}{1})$, $(\dfrac{3}{1}, \dfrac{3}{2})$, $(\dfrac{4}{1}, \dfrac{4}{2}, \dfrac{4}{3})$……이므로 각 묶음은 분

모가 1씩 커지면서 가분수가 1개씩 늘어나는 규칙입니다.

7번째 묶음까지의 수의 개수는 $1+2+3+4+5+6+7=28$(개)이므로 35번째에 놓일 분수는 8번째 묶음의 7번째 수입니다.

따라서 35번째에 놓일 분수는 $\frac{9}{7}$이므로 분모와 분자의 차는 $9-7=2$입니다.

6-4 $2\frac{39}{44}$

분모는 1씩 커지고, 분자는 3씩 커지는 규칙이므로 43번째에 놓일 분수의 분모는 44이고 분자는 $1+3\times42=127$입니다.

따라서 43번째에 놓일 분수는 $\frac{127}{44}$이므로 대분수로 나타내면 $2\frac{39}{44}$입니다.

첫 번째 튀어 오르는 공의 높이는 150 m의 $\frac{2}{5}$이므로 $150\div5\times2=60$(m)입니다.

두 번째 튀어 오르는 공의 높이는 60 m의 $\frac{2}{5}$이므로 $60\div5\times2=24$(m)입니다.

따라서 공이 움직인 거리는 모두 $150+60+60+24=294$(m)입니다.

7-1 27 cm

첫 번째로 튀어 오르는 공의 높이는 147 cm의 $\frac{3}{7}$이므로 $147\div7\times3=63$(cm)입니다.

두 번째로 튀어 오르는 공의 높이는 63 cm의 $\frac{3}{7}$이므로 $63\div7\times3=27$(cm)입니다.

7-2 16 m

첫 번째로 튀어 오르는 공의 높이는 54 m의 $\frac{2}{3}$이므로 $54\div3\times2=36$(m)입니다.

두 번째로 튀어 오르는 공의 높이는 36 m의 $\frac{2}{3}$이므로 $36\div3\times2=24$(m)입니다.

세 번째로 튀어 오르는 공의 높이는 24 m의 $\frac{2}{3}$이므로 $24\div3\times2=16$(m)입니다.

7-3 225 m

첫 번째로 튀어 오르는 공의 높이는 81 m의 $\frac{5}{9}$이므로
$81\div9\times5=45$(m)입니다.

두 번째로 튀어 오르는 공의 높이는 45 m의 $\frac{3}{5}$이므로
$45\div5\times3=27$(m)입니다.

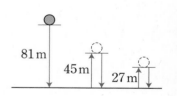

따라서 공이 움직인 거리는 모두 $81+45+45+27+27=225$(m)입니다.

7-4 42 cm

첫 번째로 튀어 오르는 공의 높이는 112 cm의 $\frac{7}{8}$이므로 $112\div8\times7=98$(cm)입니다.

두 번째로 튀어 오르는 공의 높이는 98 cm의 $\frac{4}{7}$이므로 $98\div7\times4=56$(cm)입니다.

따라서 공이 첫 번째로 튀어 오른 높이는 두 번째로 튀어 오른 높이보다
$98-56=42$(cm) 더 높습니다.

① ㉡=5이면 $\frac{35}{5}$=7이므로 위와 같은 식으로 나타낼 수 없습니다.

② ㉡=1, 2, 3, 4이면 ㉢=6이고, 이 경우 ㉡과 ㉣에 오는 숫자가 모두 겹칩니다.

③ ㉡=6, 7, 8, 9이면 ㉢=7이고 숫자는 한 번씩만 쓸 수 있으므로

ㅤ㉡=6, 9만 가능합니다.

ㅤ➡ ㉡=6이면 $\frac{36}{5}$=$7\frac{1}{5}$, ㉡=9이면 $\frac{39}{5}$=$7\frac{4}{5}$

따라서 ㉠에 3을 넣는 경우 나올 수 있는 대분수는 $7\frac{1}{5}$, $7\frac{4}{5}$입니다.

8-1 2개

㉡=4이면 $\frac{54}{9}$=6이므로 문제에 주어진 식과 같은 식으로 나타낼 수 없습니다.

㉡=1, 2, 3이면 ㉢=5이고, 이 경우 ㉠과 ㉢에 오는 숫자가 겹칩니다.

㉡=5이면 ㉠과 ㉡에 오는 숫자가 겹칩니다.

㉡=6, 7, 8, 9이면 ㉢=6이고, 숫자는 한 번씩만 쓸 수 있으므로 ㉡=7, 8만 가능합니다.

➡ ㉡=7이면 $\frac{57}{9}$=$6\frac{3}{9}$, ㉡=8이면 $\frac{58}{9}$=$6\frac{4}{9}$

따라서 ㉠에 5를 넣는 경우 나올 수 있는 대분수는 $6\frac{3}{9}$, $6\frac{4}{9}$로 모두 2개입니다.

8-2 $\frac{43}{7}$=$6\frac{1}{7}$, $\frac{45}{7}$=$6\frac{3}{7}$

$\frac{㉢}{7}$에서 ㉢=6이면 ㉣=1, 2……5이므로 ㉠=4이고 ㉡=3, 4……7입니다.

숫자는 한 번씩만 쓸 수 있으므로 ㉡=3, 5만 가능합니다.

➡ ㉡=3이면 $\frac{43}{7}$=$6\frac{1}{7}$, ㉡=5이면 $\frac{45}{7}$=$6\frac{3}{7}$

따라서 ㉢에 6을 넣는 경우 나올 수 있는 식은 $\frac{43}{7}$=$6\frac{1}{7}$, $\frac{45}{7}$=$6\frac{3}{7}$입니다.

8-3 $\frac{19}{8}$

두 자리 수 ㉠㉡에 들어갈 수가 8의 단 곱셈구구의 곱이면 $\frac{16}{8}$=2, $\frac{24}{8}$=3……이므로 문제에 주어진 식과 같은 식으로 나타낼 수 없습니다.

㉠㉡=12, 13, 14, 15이면 ㉢=1이므로 ㉠과 ㉢에 오는 숫자가 겹칩니다.

㉠㉡=17이면 ㉣=1이므로 ㉠과 ㉣에 오는 숫자가 겹칩니다.

㉠㉡=18, 19……23이면 ㉢=2이고 숫자는 한 번만 쓸 수 있으므로

㉠㉡=19만 가능합니다. ➡ ㉠㉡=19이면 $\frac{19}{8}$=$2\frac{3}{8}$

따라서 나올 수 있는 가분수 중 가장 작은 가분수는 $\frac{19}{8}$입니다.

MATH MASTER

1 7시간

하루는 24시간입니다. 잠을 자는 시간은 24시간의 $\frac{1}{3}$이므로 8시간이고, 밥을 먹는 시간은 24시간의 $\frac{1}{8}$이므로 3시간, 학교에서 보내는 시간은 24시간의 $\frac{1}{4}$이므로 6시간입니다.

따라서 수현이가 하루를 보내는 나머지 시간은 24−8−3−6=7(시간)입니다.

2 92쪽

둘째 날은 36쪽의 $\frac{8}{9}$보다 2쪽 더 적게 읽었으므로 32−2=30(쪽)이고,

셋째 날은 30쪽의 $\frac{5}{6}$보다 1쪽 더 많이 읽었으므로 25+1=26(쪽)입니다.

따라서 동화책은 모두 36+30+26=92(쪽)입니다.

3 14명

안경을 쓴 남학생은 28명의 $\frac{3}{14}$이므로 6명이고,

안경을 쓴 여학생은 28−6=22(명)의 $\frac{4}{11}$이므로 8명입니다.

따라서 안경을 쓰지 않은 학생은 28−6−8=14(명)입니다.

4 $2\frac{2}{3}$

가장 큰 가분수를 만들려면 분모에 가장 작은 수를 놓고 분자에 가장 큰 수를 놓아야 합니다.

3<5<6<7<8이므로 만들 수 있는 가장 큰 가분수는 $\frac{8}{3}$입니다.

따라서 대분수로 나타내면 $\frac{8}{3}=2\frac{2}{3}$입니다.

5 우현, 3자루

연필 7타는 12×7=84(자루)입니다.

수정이는 84자루의 $\frac{1}{4}$이므로 21자루를, 우현이는 84자루의 $\frac{2}{7}$이므로 24자루를 가지게 됩니다.

따라서 우현이가 연필을 24−21=3(자루) 더 많이 가지게 됩니다.

6 10분

호정이가 집에서 식물원까지 가는 데 걸린 시간은

2시 5분−12시 50분=14시 5분−12시 50분=1시간 15분=75분입니다.

지하철을 탄 시간은 75분의 $\frac{2}{3}$이므로 50분이고,

버스를 탄 시간은 75분의 $\frac{1}{5}$이므로 15분입니다.

따라서 걸은 시간은 75분−50분−15분=10분입니다.

7 $2\dfrac{1}{8}$

①을 만들려면 ③이 4개 필요하고, ②를 만들려면 ③이 2개 필요합니다.
주어진 모양은 ①이 1개, ②가 2개, ③이 9개이므로 ③은 모두 $4+2+2+9=17$(개) 필요합니다.
따라서 필요한 ③은 색종이 한 장의 $\dfrac{17}{8}=2\dfrac{1}{8}$입니다.

8 88개

소영이네 가게에서 판매한 아이스크림 수의 $\dfrac{8}{11}$이 40개이므로 $\dfrac{1}{11}$은 5개입니다.
따라서 소영이네 가게에서 판매한 아이스크림은 $5\times11=55$(개)이므로
태민이네 가게에서 판매한 아이스크림은 55개의 $1\dfrac{3}{5}=\dfrac{8}{5}$인
$55\div5\times8=88$(개)입니다.

9 50

■ $\div9=6\cdots5$이므로 $9\times6+5=$■에서 ■$=59$입니다. → $\dfrac{59}{9}$
따라서 분자와 분모의 차는 $59-9=50$입니다.

10 $\dfrac{18}{25}$

두 자연수의 합이 43이고 차가 7인 수를 찾아봅니다.

분모	22	23	24	25	26	27
분자	21	20	19	18	17	16
차	1	3	5	7	9	11

따라서 분모는 25, 분자는 18이므로 진분수는 $\dfrac{18}{25}$입니다.

11 4개

$3\dfrac{7}{9}=\dfrac{34}{9}$, $4\dfrac{2}{9}=\dfrac{38}{9}$이므로 $\dfrac{34}{9}<\dfrac{★}{9}<\dfrac{38}{9}$입니다. → ★$=35,\,36,\,37$
$\dfrac{32}{5}=6\dfrac{2}{5}$, $\dfrac{41}{5}=8\dfrac{1}{5}$이므로 $6\dfrac{2}{5}<\dfrac{▲}{5}<8\dfrac{1}{5}$입니다. → ▲$=6,\,7$
$\dfrac{★}{▲}$은 $\dfrac{35}{6}=5\dfrac{5}{6}$, $\dfrac{36}{6}=6$, $\dfrac{37}{6}=6\dfrac{1}{6}$, $\dfrac{35}{7}=5$, $\dfrac{36}{7}=5\dfrac{1}{7}$, $\dfrac{37}{7}=5\dfrac{2}{7}$이므로 대분수로 나타낼 수 있는 것은 모두 4개입니다.

12 20분

12분 동안 처음 양초 길이의 $\dfrac{3}{8}$만큼 탔으므로 처음 양초 길이의 $\dfrac{1}{8}$만큼 타는 데 걸리는 시간은 $12\div3=4$(분)입니다.
남은 양초 길이는 처음 양초 길이의 $\dfrac{5}{8}$이므로 남은 양초가 모두 타는 데 걸리는 시간은 $4\times5=20$(분)입니다.

13 159

㉠은 5 또는 6이므로 ㉠$=5$일 때 $5\dfrac{8}{13}=\dfrac{73}{13}$이고, ㉠$=6$일 때 $6\dfrac{8}{13}=\dfrac{86}{13}$입니다.
따라서 가분수의 분자가 될 수 있는 수들의 합은 $73+86=159$입니다.

14 $\dfrac{13}{21}$, $\dfrac{8}{21}$, $\dfrac{4}{21}$

㉡의 분자를 ■라고 하면 ㉠$=\dfrac{■+5}{21}$, ㉡$=\dfrac{■}{21}$, ㉢$=\dfrac{■-4}{21}$입니다.

세 분수의 분자의 합이 25이므로 ■+5+■+■-4=25, ■+■+■=24, ■=8입니다.

➡ ㉠=$\frac{13}{21}$, ㉡=$\frac{8}{21}$, ㉢=$\frac{4}{21}$

15 5개

$\frac{60}{7}=8\frac{4}{7}$이므로 ㉠$\frac{㉡}{7}<8\frac{4}{7}$입니다.

따라서 ㉠이 ㉡보다 1 작은 대분수는 $1\frac{2}{7}$, $2\frac{3}{7}$, $3\frac{4}{7}$, $4\frac{5}{7}$, $5\frac{6}{7}$으로 모두 5개입니다.

Brain👍

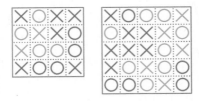

5 들이와 무게

1 들이의 단위, 들이의 합과 차
110~111쪽

1 ㉯, ㉰, ㉮

덜어 낸 횟수가 적을수록 들이가 많은 것이므로 ㉯, ㉰, ㉮ 컵의 순서로 들이가 많습니다.

2 ( )( )(○)(△)

3070 mL=3 L 70 mL, 7003 mL=7 L 3 mL이므로
7 L 3 mL>3 L 700 mL>3 L 70 mL>3 L
➡ 7003 mL>3 L 700 mL>3070 mL>3 L

3 3 L 650 mL

4 L 900 mL+1 L 350 mL-2 L 600 mL=6 L 250 mL-2 L 600 mL
=3 L 650 mL

4 2 L 800 mL

(동생이 떠 온 물의 양)=4 L 500 mL-1 L 700 mL=2 L 800 mL

5 30, 250 / 4, 4

1초 동안 그릇에 280-30=250(mL)의 물이 채워지고
1 L=1000 mL=250 mL+250 mL+250 mL+250 mL이므로
그릇에 물을 가득 채우는 데 걸리는 시간은 4초입니다.

2 무게의 단위, 무게의 합과 차
112~113쪽

1 ㉣, ㉠, ㉡, ㉢

㉡ 3300 g=3 kg 300 g, ㉣ 3003 g=3 kg 3 g이므로
3 kg 3 g<3 kg 30 g<3 kg 300 g<30 kg
➡ 3003 g<3 kg 30 g<3300 g<30 kg

2 15 t

(물건 300상자의 무게)=50×300=15000(kg)

1000 kg=1 t이므로 15000 kg=15 t입니다.

3 2 kg 450 g

6 kg 850 g＋5 kg 600 g＝11 kg 1450 g＝12 kg 450 g이므로

10 kg＋㉠＝12 kg 450 kg입니다.

➡ ㉠＝12 kg 450 kg－10 kg＝2 kg 450 g

4 3 kg 300 g

책 4권의 무게는 400×4＝1600(g) → 1 kg 600 g입니다.

따라서 가방에 책 4권을 넣은 무게는

1 kg 700 kg＋1 kg 600 g＝2 kg 1300 g＝3 kg 300 g입니다.

5 12개

(수박 1통)＝(멜론 3통) ……㉠

(멜론 1통)＝(참외 4개)에서 (멜론 3통)＝(참외 12개) ……㉡

㉠, ㉡에서 (수박 1통)＝(멜론 3통)＝(참외 12개)이므로 수박 1통의 무게는 참외 12개의 무게와 같습니다.

114~115쪽

대표문제 1

실제 몸무게와 어림한 몸무게의 차가 (클수록 , (작을수록)) 실제 몸무게에 가깝게 어림한 것이므로 두 몸무게의 차를 구해 봅니다.

지혜: 55 kg－53 kg 700 g＝1 kg 300 g

민호: 53 kg 700 g－52 kg 300 g＝1 kg 400 g

연아: 53000 g＝53 kg이므로 53 kg 700 g－53 kg＝700 g

따라서 700 g＜1 kg 300 g＜1 kg 400 g이므로 실제 몸무게와 어림한 몸무게의 차가 가장 작은 연아가 실제 몸무게에 가장 가깝게 어림하였습니다.

1-1 은성

실제 들이와 어림한 들이의 차를 구하면

세현: 1 L 750 mL－1 L 500 mL＝250 mL

은성: 1 L 500 mL－1 L 300 mL＝200 mL

200 mL＜250 mL이므로 실제 들이에 가깝게 어림한 사람은 은성입니다.

1-2 보람, 정은, 지우

(참외 4개의 무게)＝400×4＝1600(g) → 1 kg 600 g

실제 무게와 어림한 무게의 차를 구하면

정은: 1 kg 800 g－1 kg 600 g＝200 g

보람: 1 kg 600 g－1 kg 500 g＝100 g

지우: 2 kg－1 kg 600 g＝400 g

따라서 $100\,\text{g}<200\,\text{g}<400\,\text{g}$이므로 보람, 정은, 지우의 순서로 실제 무게에 가깝게 어림하였습니다.

1-3 선주

(퍼낸 물의 양)$=300\times4=1200(\text{mL})\rightarrow1\,\text{L}\,200\,\text{mL}$
(수조에 남아 있는 물의 양)$=5\,\text{L}-1\,\text{L}\,200\,\text{mL}=3\,\text{L}\,800\,\text{mL}$
수조에 남아 있는 물의 양과 어림한 물의 양의 차를 구하면
정훈: $4\,\text{L}-3\,\text{L}\,800\,\text{mL}=200\,\text{mL}$
진석: $3\,\text{L}\,800\,\text{mL}-3\,\text{L}\,600\,\text{mL}=200\,\text{mL}$
선주: $3\,\text{L}\,900\,\text{mL}-3\,\text{L}\,800\,\text{mL}=100\,\text{mL}$
따라서 $100\,\text{mL}<200\,\text{mL}$이므로 실제 남은 물의 양에 가장 가깝게 어림한 사람은 선주입니다.

116~117쪽

(항아리에 더 부은 매실 원액의 양)
$=$(매실 원액을 더 부은 후의 양)$-$(처음에 들어 있던 매실 원액의 양)
$=4\,\text{L}\,300\,\text{mL}-2\,\text{L}\,800\,\text{mL}$
$=1\,\text{L}\,500\,\text{mL}$
$=1500\,\text{mL}$
그릇에 가득 담아 5번 부은 매실 원액의 양이 $1500\,\text{mL}$이고
$1500\,\text{mL}=300\,\text{mL}+300\,\text{mL}+300\,\text{mL}+300\,\text{mL}+300\,\text{mL}$이므로 그릇의 들이는 $300\,\text{mL}$입니다.

2-1 $1\,\text{L}\,200\,\text{mL}$

컵으로 덜어 낸 물의 양은 $200\,\text{mL}+200\,\text{mL}+200\,\text{mL}=600\,\text{mL}$입니다.
따라서 물통에 남아 있는 물은 $1\,\text{L}\,800\,\text{mL}-600\,\text{mL}=1\,\text{L}\,200\,\text{mL}$입니다.

2-2 $400\,\text{mL}$

(더 부은 물의 양)$=7\,\text{L}\,300\,\text{mL}-5\,\text{L}\,700\,\text{mL}=1\,\text{L}\,600\,\text{mL}$
$1\,\text{L}\,600\,\text{mL}=1600\,\text{mL}=400\,\text{mL}+400\,\text{mL}+400\,\text{mL}+400\,\text{mL}$이므로 통의 들이는 $400\,\text{mL}$입니다.

2-3 $900\,\text{g}$

(섞은 쌀과 보리의 양)$=4\,\text{kg}\,600\,\text{g}+1\,\text{kg}\,500\,\text{g}=6\,\text{kg}\,100\,\text{g}$
(그릇으로 3번 덜어 낸 양)$=6\,\text{kg}\,100\,\text{g}-3\,\text{kg}\,400\,\text{g}=2\,\text{kg}\,700\,\text{g}$
$2\,\text{kg}\,700\,\text{g}=2700\,\text{g}=900\,\text{g}+900\,\text{g}+900\,\text{g}$이므로 그릇으로 1번 덜어 낸 양은 $900\,\text{g}$입니다.

2-4 $1\,\text{L}\,200\,\text{mL}$

(큰 통 2개와 작은 통 3개에 담은 약수의 양)
$=8\,\text{L}\,100\,\text{mL}-3\,\text{L}\,900\,\text{mL}=4\,\text{L}\,200\,\text{mL}\rightarrow4200\,\text{mL}$
큰 통의 들이가 작은 통의 들이의 2배이므로 큰 통 2개의 들이는 작은 통의 들이의 4배입니다.

따라서 큰 통 2개와 작은 통 3개의 들이는 작은 통 7개의 들이와 같으므로 작은 통의
들이를 ☐ mL라고 하면 ☐×7=4200, ☐=600입니다.
따라서 큰 통의 들이는 600 mL＋600 mL＝1 L 200 mL입니다.

$$
\begin{array}{r}
(\text{빈 상자의 무게})+(\text{가득 찬 귤의 무게})=10\,\text{kg}\,600\,\text{g} \\
-\ )\ (\text{빈 상자의 무게})+(\text{귤 절반의 무게})\ \ =\ 5\,\text{kg}\,700\,\text{g} \\
\hline
(\text{귤 절반의 무게})\ \ =\ 4\,\text{kg}\,900\,\text{g}
\end{array}
$$

귤 절반의 무게가 4 kg 900 g이므로 귤 전체의 무게는
4 kg 900 g＋4 kg 900 g＝9 kg 800 g입니다.
➡ (빈 상자의 무게)＝(귤이 가득 들어 있는 상자의 무게)－(귤 전체의 무게)
  ＝10 kg 600 g－9 kg 800 g
  ＝800 g

참고
빈 상자의 무게는 귤 절반이 들어 있는 상자의 무게에서 귤 절반의 무게를 빼도 됩니다.

3-1 500 g

(책 1권의 무게)＝(책 6권을 넣은 가방의 무게)－(책 5권을 넣은 가방의 무게)
  ＝2 kg 100 g－1 kg 850 g＝250 g
➡ (책 2권의 무게)＝250 g＋250 g＝500 g

3-2 550 g

(참외 4개의 무게)＝(참외 12개를 넣은 상자의 무게)－(참외 8개를 넣은 상자의 무게)
  ＝4 kg 750 g－3 kg 350 g＝1 kg 400 g
(참외 8개의 무게)＝1 kg 400 g＋1 kg 400 g＝2 kg 800 g
➡ (빈 상자의 무게)＝(참외 8개를 넣은 상자의 무게)－(참외 8개의 무게)
  ＝3 kg 350 g－2 kg 800 g＝550 g

3-3 2 kg 400 g

(고구마 1개의 무게)
＝(고구마 4개를 넣은 그릇의 무게)－(고구마 3개를 넣은 그릇의 무게)
＝1 kg 700 g－1 kg 350 g＝350 g
(고구마 6개를 넣은 그릇의 무게)
＝(고구마 4개를 넣은 그릇의 무게)＋(고구마 2개의 무게)
＝1 kg 700 g＋350 g＋350 g＝2 kg 400 g

3-4 43 kg 200 g

(수박 1조각의 무게)＝41 kg 400 g－40 kg 100 g＝1 kg 300 g
(수박 1통의 무게)＝1 kg 300 g＋1 kg 300 g＋1 kg 300 g＝3 kg 900 g
(하윤이의 몸무게)＝41 kg 400 g－3 kg 900 g＝37 kg 500 g
➡ (하윤이가 강아지를 안고 잰 무게)＝37 kg 500 g＋5 kg 700 g＝43 kg 200 g

작은 유리병의 들이를 ■ mL라고 하면 큰 유리병의 들이는 (■+800) mL입니다.

두 유리병에 담긴 식용유의 양이 5 L=5000 mL이므로

■+(■+800)=5000,

■+■=5000−800=4200, ■=2100입니다.

따라서 작은 유리병에 담긴 식용유는 2100 mL=2 L 100 mL입니다.

4-1 400 mL

수혁이가 마신 우유의 양을 □ mL라고 하면

준서가 마신 우유의 양은 (□+150) mL이므로

□+(□+150)=950, □+□=950−150=800, □=400입니다.

따라서 수혁이가 마신 우유의 양은 400 mL입니다.

4-2 1 kg 400 g,
2 kg 600 g

4 kg=4000 g이고 1 kg 200 g=1200 g입니다.

더 적게 담긴 밀가루의 무게를 □ g이라고 하면 더 많이 담긴 밀가루의 무게는

(□+1200) g이므로 □+(□+1200)=4000,

□+□=4000−1200=2800, □=1400입니다.

따라서 더 적게 담긴 밀가루의 무게는 1400 g=1 kg 400 g이고 더 많이 담긴 밀가루
의 무게는 1 kg 400 g+1 kg 200 g=2 kg 600 g입니다.

4-3 2 kg 400 g,
1 kg 900 g

(먹고 남은 떡의 무게)=5 kg−700 g=4 kg 300 g → 4300 g입니다.

작은 봉지에 담은 떡의 무게를 □ g이라고 하면 큰 봉지에 담은 떡의 무게는

(□+500) g이므로 □+(□+500)=4300,

□+□=4300−500=3800, □=1900입니다.

따라서 작은 봉지에 담은 떡은 1900 g=1 kg 900 g이고 큰 봉지에 담은 떡은

1 kg 900 g+500 g=2 kg 400 g입니다.

4-4 2 L 400 mL

가 그릇의 들이를 □ mL라고 하면 나 그릇의 들이는 (□+200) mL,

다 그릇의 들이는 (□+200)+300=(□+500) mL입니다.

4 L=4000 mL이므로 □+(□+200)+(□+500)=4000,

□+□+□=4000−200−500=3300, □=1100입니다.

따라서 가 그릇의 들이는 1100 mL, 나 그릇의 들이는 1100 mL+200 mL=1300 mL
이므로 가 그릇과 나 그릇에 담긴 물의 양은 모두

1100 mL+1300 mL=2400 mL → 2 L 400 mL입니다.

쌀 한 가마니에 80 kg이므로

(쌀 60가마니의 무게)=(쌀 1가마니의 무게)×(가마니 수)

=80×60=4800(kg)

1 t＝1000 kg이고 4800 kg＝4000 kg＋800 kg이므로
4800 kg＝4 t 800 kg입니다.
따라서 트럭 한 대에 1 t까지 실을 수 있으므로
4 t을 싣기 위한 트럭 4대, 800 kg을 싣기 위한 트럭 1대로
트럭은 적어도 4＋1＝5(대)가 필요합니다.

5-1 2대

(철근 90개의 무게)＝20×90＝1800(kg)이고, 1 t＝1000 kg이므로 트럭은 적어도 2대 필요합니다.

5-2 4개

(사과 500상자의 무게)＝20×500＝10000(kg)
10000 kg＝10 t이고 10÷3＝3…1에서 창고 3개에 보관하면 사과 1 t을 보관할 수 없으므로 창고는 적어도 4개 필요합니다.

보충 개념
20×500은 20×50의 10배와 같습니다.

5-3 11대

(밀가루 800포대의 무게)＝20×800＝16000(kg) → 16 t
(설탕 500포대의 무게)＝10×500＝5000(kg) → 5 t
따라서 밀가루와 설탕은 모두 16＋5＝21(t)이므로 21÷2＝10…1에서 트럭은 적어도 11대 필요합니다.

5-4 250자루

(화물열차에 실을 수 있는 물건의 무게)＝2×5＝10(t)
(페인트 200통의 무게)＝40×200＝8000(kg) → 8 t
(페인트를 실은 후 더 실을 수 있는 무게)＝10－8＝2(t)
2 t＝2000 kg이고, 2000＝8×250이므로 한 자루에 8 kg인 모래를 250자루까지 실을 수 있습니다.

방울토마토 400 g이 2000원이므로 100 g은 2000÷4＝500(원)입니다.
➡ 1 kg＝1000 g이고, 100 g의 10배이므로
   방울토마토 1 kg은 500×10＝5000(원)입니다.
돼지고기 1 kg이 18000원이므로 500 g은 18000÷2＝9000(원)입니다.
➡ 돼지고기 1 kg 500 g은 18000＋9000＝27000(원)입니다.
따라서 영서 어머니께서 방울토마토와 돼지고기를 사는 데 쓴 돈은 모두
5000＋27000＝32000(원)입니다.

6-1 7200원

900＝300×3이고 사탕 300 g에 2400원이므로
사탕 900 g은 2400×3＝7200(원)입니다.

6-2 19750원

오렌지 주스 100 mL는 1500÷2=750(원)이고
오렌지 주스 500 mL는 100 mL의 5배이므로 750×5=3750(원)입니다.
딸기 주스 700 mL가 8000원이고 1 L 400 mL=1400 mL=700 mL+700 mL이
므로 딸기 주스 1 L 400 mL는 8000+8000=16000(원)입니다.
따라서 예슬이가 산 주스값은 모두 3750+16000=19750(원)입니다.

6-3 2500원

300=600÷2이고 돼지고기 600 g이 5000원이므로
300 g은 5000÷2=2500(원)입니다.
➡ 900 g=600 g+300 g이므로 돼지고기 900 g은 5000+2500=7500(원)입니다.
1 kg=1000 g이고, 소고기 100 g이 2000원이므로
소고기 1000 g은 2000×10=20000(원)입니다.
따라서 돼지고기와 소고기의 값은 7500+20000=27500(원)이므로
거스름돈은 30000-27500=2500(원)입니다.

6-4 1 kg 500 g

1 kg=1000 g이고 500=1000÷2이므로
(꿀떡 500 g의 값)=5000÷2=2500(원)
2 kg 500 g=1 kg+1 kg+500 g이므로
(꿀떡 2 kg 500 g의 값)=5000+5000+2500=12500(원)
(바람떡의 값)=21500-12500=9000(원)
바람떡 500 g이 3000원이므로 9000=3000+3000+3000에서 바람떡은
500 g+500 g+500 g=1500 g=1 kg 500 g 담아야 합니다.

대표문제 7

$$
\begin{array}{r}
(콩 3봉지)+(팥 1봉지)=2\,kg\,300\,g \\
+ \underline{)\ (콩 3봉지)-(팥 1봉지)=\quad\ \ 700\,g} \\
(콩 6봉지)\qquad\quad =3\,kg
\end{array}
$$

콩 6봉지의 무게가 3 kg이고, 3 kg=3000 g이므로
콩 1봉지의 무게는 3000÷6=500(g)입니다.
따라서 콩 5봉지의 무게는 500×5=2500(g), 즉 2 kg 500 g입니다.

7-1 3 kg

$$
\begin{array}{r}
(수박 2통)+(참외 2개)=\ \ 6\,kg\,600\,g \\
+ \underline{)\ (수박 2통)-(참외 2개)=\ \ 5\,kg\,400\,g} \\
(수박 4통)\qquad\quad =12\,kg
\end{array}
$$

따라서 수박 4통의 무게가 12 kg이므로 수박 1통의 무게는 12÷4=3(kg)입니다.

7-2 200 g, 100 g

$$
\begin{array}{r}
(호박 7개)+(오이 2개)=1\,kg\,600\,g \\
+ \underline{)\ (호박 3개)-(오이 2개)=\quad\ \ 400\,g} \\
(호박 10개)\qquad\quad =2\,kg
\end{array}
$$

호박 10개의 무게가 2 kg이고, 2 kg＝2000 g이므로 호박 1개의 무게는 200 g입니다.
따라서 (오이 2개)＝1 kg 600 g－(호박 7개)＝1 kg 600 g－1 kg 400 g＝200 g이
므로 오이 1개의 무게는 100 g입니다.

7-3 2 L 250 mL

$$
\begin{array}{r}
\text{(우유 2병)}＋\text{(주스 5병)}＝2\,L\;400\,mL \\
＋\,)\;\underline{\text{(우유 4병)}＋\text{(주스 1병)}＝2\,L\;100\,mL} \\
\text{(우유 6병)}＋\text{(주스 6병)}＝4\,L\;500\,mL
\end{array}
$$

우유 6병과 주스 6병의 들이가 4 L 500 mL이고
4 L 500 mL＝2 L 250 mL＋2 L 250 mL이므로
우유 3병과 주스 3병의 들이는 2 L 250 mL입니다.

7-4 400 g

$$
\begin{array}{r}
\text{(노란 공 2개)}＋\text{(파란 공 3개)}＋\text{(빨간 공 1개)}＝2\,kg\;400\,g \\
＋\,)\;\underline{\text{(노란 공 4개)}＋\text{(파란 공 6개)}－\text{(빨간 공 1개)}＝3\,kg\;600\,g} \\
\text{(노란 공 6개)}＋\text{(파란 공 9개)}\qquad\qquad＝6\,kg
\end{array}
$$

노란 공 6개와 파란 공 9개의 무게의 합이 6 kg이므로
노란 공 2개와 파란 공 3개의 무게의 합은 6÷3＝2(kg)입니다.
따라서 노란 공 2개, 파란 공 3개, 빨간 공 1개의 무게의 합이 2 kg 400 g이므로
빨간 공 1개의 무게는 2 kg 400 g－2 kg＝400 g입니다.

128～129쪽

대표문제 8

1초 동안 물통에 채울 수 있는 물의 양은
250 mL－50 mL＝200 mL입니다.
이때 200 mL×5＝1000 mL＝1 L이므로
물통에 1 L의 물을 채우는 데 5초가 걸립니다.
따라서 5 L＝1 L×5이므로 5 L의 물을 채우는 데 걸리는 시간은
5×5＝25(초)입니다.

8-1 4초

1초 동안 봉지에 담지 않은 사과즙의 양은 350 mL－100 mL＝250 mL입니다.
이때 250 mL×4＝1000 mL＝1 L이므로 봉지에 담지 않은 사과즙이 1 L가 되는 것
은 4초 후입니다.

8-2 80초

1초 동안 어항에 채울 수 있는 물의 양은 600 mL－100 mL＝500 mL입니다.
이때 500 mL＋500 mL＝1000 mL＝1 L이므로 어항에 물 1 L를 채우는 데 2초가
걸립니다. 따라서 40 L의 물을 채우는 데 걸리는 시간은 2×40＝80(초)입니다.

8-3 5초

두 수도에서 1초 동안 받는 물의 양은 250 mL＋150 mL＝400 mL입니다.
이때 400 mL×5＝2000 mL＝2 L이므로 2 L의 물을 가득 채우는 데 걸리는 시간은
5초입니다.

8-4 200 mL

1초 동안 나오는 물의 양은 400 mL＋300 mL＝700 mL입니다.
20초 동안 10 L의 물이 찼으므로 2초 동안 1 L의 물을 채운 것입니다.
따라서 1초 동안 500 mL의 물을 채웠으므로 물을 1초에
700 mL－500 mL＝200 mL씩 내보냈습니다.

1 1 L 700 mL

(마신 우유의 양)＝1 L 800 mL－900 mL＝900 mL
(마신 주스의 양)＝1 L 500 mL－700 mL＝800 mL
➡ (마신 우유와 주스의 양)＝900 mL＋800 mL＝1700 mL → 1 L 700 mL

2 3 kg 800 g

(유진이의 몸무게)＋2 kg 500 g＝37 kg 200 g이므로
(유진이의 몸무게)＝37 kg 200 g－2 kg 500 g＝34 kg 700 g
34 kg 700 g＋(고양이의 무게)＝38 kg 500 g이므로
(고양이의 무게)＝38 kg 500 g－34 kg 700 g＝3 kg 800 g

3 400 mL

1 L 200 mL＝1200 mL입니다.
준호가 마신 우유의 양을 □ mL라고 하면 민석이가 마신 우유의 양은 (□＋150) mL,
지혁이가 마신 우유의 양은 (□－150) mL이므로
□＋(□＋150)＋(□－150)＝1200, □＋□＋□＝1200, □＝400입니다.
따라서 준호가 마신 우유의 양은 400 mL입니다.

4 80개

2 t＝2000 kg입니다.
트럭에 실은 물건 40개의 무게는 30×40＝1200(kg)이므로
더 실을 수 있는 물건의 무게는 2000 kg－1200 kg＝800 kg입니다.
따라서 무게가 10 kg인 물건은 80개까지 실을 수 있습니다.

5 대한, 225 mL

컵을 사용한 횟수가 적을수록 컵의 들이가 많으므로 대한이의 컵이 가장 큽니다.
음료수 1병의 양은 수정이의 컵의 들이의 5배이므로 180×5＝900(mL)입니다.
따라서 대한이의 컵의 들이는 900÷4＝225(mL)입니다.

6 1 kg 400 g

(감자 2개의 무게)＝150 g＋150 g＝300 g이므로 당근 1개의 무게도 300 g입니다.
(당근 2개의 무게)＝300 g＋300 g＝600 g이므로 고구마 3개의 무게도 600 g입니다.
따라서 (고구마 1개의 무게)＝600÷3＝200(g)이므로
(고구마 7개의 무게)＝200×7＝1400(g) → 1 kg 400 g입니다.

7 풀이 참조

    ㉠ 한쪽 접시 위에 400 g짜리 추 2개를 올려 놓고 다른 쪽 접시 위에 250 g짜리 추 2개와 참외 1개를 올려 놓았을 때, 저울이 수평을 이루면 이 참외의 무게가 300 g입니다.

8 10초

    5 L의 절반은 2 L 500 mL이므로 물통에 더 넣어야 하는 물의 양은 2 L 500 mL입니다.

    1초 동안 물을 $750 \div 3 = 250$(mL) 넣으므로

    2초 동안 $250 \text{ mL} + 250 \text{ mL} = 500 \text{ mL}$,

    4초 동안 $500 \text{ mL} + 500 \text{ mL} = 1000 \text{ mL} = 1 \text{ L}$의 물을 채울 수 있습니다.

    따라서 2 L 500 mL = 1 L + 1 L + 500 mL이므로 물을 가득 채우는 데 걸리는 시간은 $4 + 4 + 2 = 10$(초)입니다.

9 900 kg

    1 t 900 kg = 1900 kg, 2 t 300 kg = 2300 kg입니다.

    (역기 20개의 무게) = 2300 kg - 1900 kg = 400 kg이므로 역기 1개의 무게는

    $400 \div 20 = 20$(kg)입니다.

    따라서 (역기 50개의 무게) = $20 \times 50 = 1000$(kg)이므로

    (빈 트럭의 무게) = 1900 kg - 1000 kg = 900 kg입니다.

10 2번

    ㉮ 그릇으로 6번, ㉯ 그릇으로 3번 부은 물의 양이 같으므로 ㉯ 그릇의 들이가 ㉮ 그릇의 들이의 2배입니다. 따라서

    (㉰ 그릇의 들이) = (㉮ 그릇의 들이) + (㉯ 그릇의 들이)

                  = (㉮ 그릇의 들이) + (㉮ 그릇의 들이) × 2

                   = (㉮ 그릇의 들이) × 3

    이므로 ㉰ 그릇만 사용하면 물을 $6 \div 3 = 2$(번) 부어야 합니다.

11 800 mL,
    1 L 200 mL,
    1 L 900 mL

    (㉮ 그릇) + (㉯ 그릇) = 2 L

    (㉮ 그릇) + (㉰ 그릇) = 2 L 700 mL

    (㉯ 그릇) + (㉰ 그릇) = 3 L 100 mL

    위의 세 식을 모두 더하면

    (㉮ 그릇) + (㉯ 그릇) + (㉮ 그릇) + (㉰ 그릇) + (㉯ 그릇) + (㉰ 그릇)

    = 2 L + 2 L 700 mL + 3 L 100 mL = 7 L 800 mL

    {(㉮ 그릇) + (㉯ 그릇) + (㉰ 그릇)} + {(㉮ 그릇) + (㉯ 그릇) + (㉰ 그릇)}

    = 7 L 800 mL = 3 L 900 mL + 3 L 900 mL

    (㉮ 그릇) + (㉯ 그릇) + (㉰ 그릇) = 3 L 900 mL

   ➡ (㉮ 그릇) = 3 L 900 mL - 3 L 100 mL = 800 mL

     (㉯ 그릇) = 3 L 900 mL - 2 L 700 mL = 1 L 200 mL

     (㉰ 그릇) = 3 L 900 mL - 2 L = 1 L 900 mL

6 자료의 정리

1 자료와 표

1 4, 3, 1, 12

자료를 빠뜨리거나 겹치지 않게 세어 보면 좋아하는 음식별 학생 수는
피자: 4명, 탕수육: 3명, 돈가스: 1명, 떡볶이: 4명입니다.
현아네 반 전체 학생 수는 4+3+1+4=12(명)입니다.

2 210개

전체 장난감의 수가 1000개이므로 자동차의 수는
1000-185-240-169-196=210(개)입니다.

3 로봇

각 장난감의 수를 비교하면 240>210>196>185>169이므로 개수가 가장 많은
장난감은 로봇입니다.

4 2반

(3반의 여학생 수)=55-13-16-14=12(명)
각 반의 학생 수를 알아보면
1반: 13+15=28(명), 2반: 16+11=27(명), 3반: 12+16=28(명),
4반: 14+14=28(명)이므로 학생 수가 가장 적은 반은 2반입니다.

5 4명

여학생 수가 가장 많은 반은 2반으로 16명이고, 가장 적은 반은 3반으로 12명이므로
여학생 수의 차는 16-12=4(명)입니다.

2 그림그래프

1 10월, 45권

월별 읽은 책 수는 9월: 29권, 10월: 45권, 11월: 35권, 12월: 16권이므로 책을 가장
많이 읽은 달은 10월입니다.

다른 풀이
책을 가장 많이 읽은 달은 10권을 나타내는 📖이 가장 많은 10월입니다.

2 풀이 참조

(베트남에 가고 싶은 사람 수)=74-15-18-17=24(명)

가고 싶은 나라별 사람 수

나라	사람 수
영국	□○
태국	□○△△△
베트남	□□△△△△
이탈리아	□○△△

□ 10명
○ 5명
△ 1명

3 그림그래프

그림그래프는 각 항목별 많고 적음을 한눈에 쉽게 비교할 수 있습니다.

4 풀이 참조

(단팥빵 판매량)=51−9=42(개)

(카스테라 판매량)=120−42−51=27(개)

빵별 판매량

종류	판매량
단팥빵	◉◉◉◉○○
크림빵	◉◉◉◉◉○
카스테라	◉◉○○○○○○○

◉10개
○ 1개

가고 싶은 산별 학생 수의 합을 알아봅니다.

(지리산을 가고 싶은 학생 수의 합)=5+6=11(명)

(설악산을 가고 싶은 학생 수의 합)=8+4=12(명)

(한라산을 가고 싶은 학생 수의 합)=7+9=16(명)

(대둔산을 가고 싶은 학생 수의 합)=3+5=8(명)

학생 수를 비교하면 16>12>11>8이므로 학생 수의 합이 가장 큰 한라산으로 체험 학습을 가는 것이 좋습니다.

1-1 거문고

배우고 싶은 악기별 학생 수의 합을 알아보면

(바이올린)=5+7=12(명), (거문고)=6+9=15(명)

(우쿨렐레)=10+4=14(명), (플루트)=7+6=13(명)

따라서 15>14>13>12이므로 두 반의 학생 수의 합이 가장 큰 거문고로 방과 후 수업을 하는 것이 좋겠습니다.

1-2 도윤

세트별 얻은 기록

세트	1세트	2세트	3세트	합계
소현이의 기록(점)	27	30	25	82
도윤이의 기록(점)	29	26	30	85

따라서 82<85이므로 양궁 대회에 출전할 선수로 도윤이를 뽑는 것이 좋겠습니다.

1-3 게임기

(게임기를 받고 싶은 1반 학생 수)=25−2−4−6−5=8(명)

(자전거를 받고 싶은 3반 학생 수)=25−3−5−4−6=7(명)

받고 싶은 선물별 학생 수의 합을 알아보면

(킥보드)=2+6+3=11(명), (게임기)=8+7+5=20(명)

(학용품)＝4＋3＋4＝11(명), (자전거)＝6＋5＋7＝18(명)
(레고)＝5＋2＋6＝13(명)
따라서 학생 수의 합이 가장 큰 게임기를 상품으로 준비하면 좋겠습니다.

140~141쪽

혜수가 마신 우유의 양은 🥛5개로 2500 mL이므로 🥛1개는 500 mL를 나타냅니다.

학생별 마신 우유의 양을 알아보면
민희: 1400 mL, 호현: 1800 mL, 혜수: 2500 mL, 찬우: 2200 mL입니다.
따라서 민희네 모둠 학생들이 일주일 동안 마신 우유의 양은 모두
1400＋1800＋2500＋2200＝7900(mL)입니다.

2-1 52그루

벚꽃 나무는 🌳4개, 🌱6개로 46그루이므로 🌳1개는 10그루, 🌱1개는 1그루를 나타냅니다. 따라서 목련 나무는 🌳5개, 🌱2개이므로 52그루 심었습니다.

2-2 1170명

무지개 산부인과에서 태어난 신생아 수는 😊1개, 😊9개로 190명이므로 😊1개는 100명, 😊1개는 10명을 나타냅니다.
산부인과별 신생아 수를 알아보면 사랑: 300명, 행복: 430명, 봄빛: 250명입니다.
따라서 이 마을에서 태어난 신생아는 모두 300＋430＋250＋190＝1170(명)입니다.

2-3 210권

동화책은 📘6개, 📗2개로 320권이므로 📘1개는 50권, 📗1개는 10권을 나타냅니다.
종류별 책 수를 알아보면 동화책: 320권, 위인전: 280권, 만화책: 190권, 과학책: 400권입니다.
따라서 가장 많은 책은 과학책으로 400권이고, 가장 적은 책은 만화책으로 190권이므로 과학책이 만화책보다 400－190＝210(권) 더 많습니다.

142~143쪽

과수원별 사과 생산량

과수원	싱싱	맛나	달콤	행복	합계
생산량(상자)	780	730	690	800	3000

과수원별 사과 생산량

과수원	생산량
싱싱	🍎🍎🍎🍎🍎🍎🍎🍎🍎🍎🍎🍎🍎🍎🍎🍎🍎🍎
맛나	🍎🍎🍎🍎🍎🍎🍎🍎🍎🍎🍎🍎🍎
달콤	🍎🍎🍎🍎🍎🍎🍎🍎🍎🍎🍎🍎🍎🍎🍎
행복	🍎🍎🍎🍎🍎🍎🍎🍎

🍎100상자
🍎10상자

그림그래프에서 달콤 과수원의 사과 생산량은 🍎 6개, 🍎 9개이므로 690상자입니다.

따라서 맛나 과수원의 사과 생산량은 3000−780−690−800=730(상자)입니다.

싱싱 과수원의 사과 생산량은 780상자이므로 🍎 7개, 🍎 8개,

맛나 과수원의 사과 생산량은 730상자이므로 🍎 7개, 🍎 3개를 그립니다.

3-1 83 L

그림그래프에서 민수가 사용한 물은 65 L이고, 승현이가 사용한 물은 72 L입니다.

➡ (경희가 사용한 물의 양)=280−65−60−72=83(L)

3-2 330, 400, 330 /
그림그래프는 풀이 참조

그림그래프에서 다 농장의 돼지는 🐷 4개로 400마리이므로

(나 농장과 라 농장에서 기르는 돼지 수의 합)=1400−340−400=660(마리)입니다.

나 농장의 돼지 수와 라 농장의 돼지 수가 같으므로 각각 330마리입니다.

농장별 돼지 수

농장	돼지 수
가	🐷🐷🐷🐷🐷🐷🐷
나	🐷🐷🐷🐷
다	🐷🐷🐷🐷
라	🐷🐷🐷🐷🐷🐷

🐷100마리
🐷10마리

3-3 13, 15, 9 /
그림그래프는 풀이 참조

11월은 30일까지 있으므로 맑은 날수는 30÷2=15(일)이고, 12월은 ☀ 9개이므로 맑은 날수는 9일입니다.

➡ (9월의 맑은 날수)=55−18−15−9=13(일)

월별 맑은 날수

월	맑은 날수
9월	☀☀☀☀
10월	☀☀☀☀☀☀☀☀
11월	☀☀☀☀☀☀
12월	☀☀☀☀☀☀☀☀☀

☀10일
☀ 1일

대표문제 4

(여름과 겨울을 좋아하는 학생 수의 합)=27−4−7=16(명)

여름을 좋아하는 학생을 ★명이라고 하면 겨울을 좋아하는 학생은 (★+2)명이므로

★+★+2=16, ★+★=14, ★=7입니다.

따라서 겨울을 좋아하는 학생은 7+2=9(명)입니다.

4-1 6명

(B형과 AB형인 학생 수의 합)=24−6−9=9(명)

AB형인 학생 수를 □명이라고 하면 B형인 학생 수는 (□+3)명이므로

□+□+3=9, □+□=6, □=3입니다.

따라서 AB형인 학생 수는 3명이므로 B형인 학생 수는 3+3=6(명)입니다.

4-2 7월

(5월에 읽은 책 수)=(6월에 읽은 책 수)−22=130−22=108(권)

(7월에 읽은 책 수)=(8월에 읽은 책 수)+40=97+40=137(권)

따라서 137>130>108>97이므로 학생들이 책을 가장 많이 읽은 달은 7월입니다.

4-3 196개

(가 가게의 판매량)+(다 가게의 판매량)=45+51=96(개)이고,

나 가게의 판매량은 96개의 $\frac{1}{2}$이므로 48개입니다.

(라 가게의 판매량)=(가 가게의 판매량)+7=45+7=52(개)

➡ (네 가게의 아이스크림 판매량의 합)=45+48+51+52=196(개)

꽃 가게에 있는 전체 꽃의 수를 알아보면

장미: 32송이, 튤립: 15송이, 국화: 21송이, 백합: 19송이이므로

모두 32+15+21+19=87(송이)입니다.

87÷7=12…3에서 꽃다발은 12개 만들 수 있고 3송이가 남으므로

꽃다발을 만드는 데 필요한 리본은 95×12=1140(cm),

3송이를 포장하는 데 필요한 리본은 28×3=84(cm)입니다.

➡ 1140+84=1224(cm)

따라서 100 cm=1 m이므로 리본은 모두 1224 cm=12 m 24 cm 필요합니다.

5-1 83 m

전체 헌 종이의 무게를 알아보면

1반: 27 kg, 2반: 33 kg, 3반: 42 kg, 4반: 35 kg이므로

모두 27+33+42+35=137(kg)입니다.

137÷5=27…2이므로 헌 종이는 5 kg씩 27묶음과 1 kg씩 2묶음이 됩니다.

따라서 필요한 끈은 모두 3×27+1×2=81+2=83(m)입니다.

5-2 4800원

전체 공책의 수를 알아보면

빨간색: 32권, 파란색: 25권, 초록색: 40권, 노란색: 19권이므로

모두 32+25+40+19=116(권)입니다.

따라서 공책은 10권씩 11묶음을 상자에 담을 수 있고, 6권이 남으므로 공책을 판매한 금액은 800×6=4800(원)입니다.

5-3 8100원

㉮ 기계: 25개, ㉯ 기계: 27개이므로 ㉰ 기계의 지우개 생산량은 25+27=52(개)의 $\frac{1}{2}$인 26개입니다.

따라서 전체 지우개 생산량은 25+26+27=78(개)입니다.

78÷9=8…6에서 지우개는 8상자에 담고 6개가 남으므로

판매 금액은 900×8+150×6=7200+900=8100(원)입니다.

초원 아파트의 가구 수는 🏠6개, 🏠3개이므로 630가구입니다.

달빛 아파트의 가구 수는 630−140=490(가구)입니다.

태양 아파트의 가구 수는 490가구의 $\frac{5}{7}$이므로 490÷7×5=350(가구)입니다.

따라서 무궁화 아파트의 가구 수는 350+120=470(가구)입니다.

6-1 46개

민우가 가지고 있는 사탕은 56개의 $\frac{3}{4}$이므로 56÷4×3=42(개)입니다.

진희가 가지고 있는 사탕은 42−12=30(개)입니다.

따라서 은하가 가지고 있는 사탕은 30+16=46(개)입니다.

6-2 1020자루

빨간색 색연필은 300자루이고, 노란색 색연필은 300자루의 $\frac{5}{6}$이므로

300÷6×5=250(자루)입니다.

보라색 색연필은 80자루이므로 초록색 색연필은 80+140=220(자루)입니다.

파란색 색연필은 220−50=170(자루)이므로 문구점에 있는 색연필은 모두

250+80+170+220+300=1020(자루)입니다.

6-3 풀이 참조

현우네 모둠의 딸기 수확량은 36 kg입니다.

예진이네 모둠의 딸기 수확량은 36−8=28(kg)이고,

찬영이네 모둠의 딸기 수확량은 36+28=64(kg)의 $\frac{5}{8}$이므로

64÷8×5=40(kg)입니다.

현우네 모둠이 전체의 $\frac{1}{4}$을 땄으므로 전체 딸기 수확량은 36×4=144(kg)입니다.

➡ (아인이네 모둠의 딸기 수확량)=144−36−28−40=40(kg)

모둠별 딸기 수확량

모둠	딸기 수확량
현우네	🍓🍓🍓🍓••••••
예진이네	🍓🍓🍓•••••••
아인이네	🍓🍓🍓🍓
찬영이네	🍓🍓🍓🍓

🍓10 kg
• 1 kg

1 14시간

주별 TV를 본 시간을 알아보면 1주: 7시간, 2주: 20시간, 3주: 12시간이므로
(4주에 TV를 본 시간)=45−7−20−12=6(시간)입니다.
따라서 TV를 가장 많이 본 주는 2주로 20시간이고, 가장 적게 본 주는 4주로 6시간입니다. ➡ 20−6=14(시간)

2 442원

(월요일과 수요일의 통화 시간의 합)=950−147−221−196=386(초)입니다.
월요일에 통화한 시간을 $\square$초라고 하면 수요일에 통화한 시간은 ($\square$+6)초이므로
$\square$+$\square$+6=386, $\square$+$\square$=380, $\square$=190(초)
따라서 월요일은 190초, 수요일은 196초이고, 통화 시간이 가장 긴 날은 목요일이므로
전화 요금은 221×2=442(원)입니다.

3 35개

(준서가 접은 종이비행기 수)=(인호가 접은 종이비행기 수)+7=29+7=36(개)
영아가 접은 종이비행기 수는 36개의 $\frac{5}{6}$이므로 36÷6×5=30(개)입니다.
➡ (현욱이가 접은 종이비행기 수)=130−29−36−30=35(개)

4 220개

㉮ 나무: 250개, ㉯ 나무: 270개이고 ㉰ 나무의 감 생산량은 250+270=520(개)의
절반이므로 260개입니다.
㉮ 나무의 감 생산량 250개는 전체 감 생산량의 $\frac{1}{4}$이므로 전체 감 생산량은
250×4=1000(개)입니다.
➡ (㉱ 나무의 감 생산량)=1000−250−260−270=220(개)

5 풀이 참조

⬤⬤⬤●●●는 13개이고, ●는 1개를 나타내므로 ⬤는 5개를 나타냅니다.
규현이가 먹은 도넛은 ⬤ 4개, ● 4개이므로 24개이고,
태우가 먹은 도넛은 24개의 $\frac{3}{4}$이므로 24÷4×3=18(개)입니다.
➡ (수경이가 먹은 도넛의 수)=90−13−18−21−24=14(개)

학생별 먹은 도넛 수

이름	도넛 수
진호	⬤ ⬤ ● ● ●
수경	⬤ ⬤ ● ● ● ●
태우	⬤ ⬤ ⬤ ● ● ●
은영	⬤ ⬤ ⬤ ● ● ●
규현	⬤ ⬤ ⬤ ⬤ ● ● ● ●

⬤ $\boxed{5}$ 개
● 1개

6 46명

5반의 안경을 쓴 학생은 9명이고 2반의 안경을 쓴 학생은 9명의 $\frac{2}{3}$이므로

$9 \div 3 \times 2 = 6$(명)입니다.

4반의 안경을 쓴 학생은 $6 + 12 = 18$(명)의 $\frac{4}{9}$이므로 $18 \div 9 \times 4 = 8$(명)입니다.

➡ (안경을 쓴 3학년 전체 학생 수)$= 11 + 6 + 12 + 8 + 9 = 46$(명)

7 우영

재진이가 가지고 있는 구슬은 4상자와 8개이므로 $15 \times 4 + 8 = 68$(개)입니다.

연희가 가지고 있는 구슬은 6상자이므로 $15 \times 6 = 90$(개)입니다.

우영이가 가지고 있는 구슬은 $90 - 24 = 66$(개)입니다.

민수가 가지고 있는 구슬은 $68 + 90 = 158$(개)의 $\frac{1}{2}$이므로 $158 \div 2 = 79$(개)입니다.

따라서 $66 < 68 < 79 < 90$이므로 구슬을 가장 적게 가지고 있는 사람은 우영입니다.

8 4명

점수별 맞힌 문제를 알아보면

100점: 1번+2번+3번+4번, 90점: 2번+3번+4번, 80점: 1번+3번+4번

70점: 1번+2번+4번 또는 3번+4번

2번 문제를 맞힌 학생이 17명이고 2번 문제를 맞힌 학생의 점수는 100점, 90점, 70점으로 각각 2명, 9명, 10명입니다.

70점인 학생 중에서 1번, 2번, 4번만 맞힌 학생 수는 $17 - 2 - 9 = 6$(명)이므로 70점인 학생 중에서 3번, 4번만 맞힌 학생은 $10 - 6 = 4$(명)입니다.

따라서 두 문제만 맞힌 학생은 4명입니다.

9 풀이 참조

소정이의 몸무게의 $\frac{2}{3}$가 18 kg이므로 소정이의 몸무게는 $18 \div 2 \times 3 = 27$(kg)입니다.

시윤이의 몸무게의 $\frac{1}{2}$은 27 kg의 $\frac{7}{9}$인 $27 \div 9 \times 7 = 21$(kg)이므로

시윤이의 몸무게는 $21 \times 2 = 42$(kg)입니다.

연경이의 몸무게의 $\frac{8}{11}$은 42kg의 $\frac{4}{7}$인 $42 \div 7 \times 4 = 24$(kg)이므로

연경이의 몸무게는 $24 \div 8 \times 11 = 33$(kg)입니다.

학생별 몸무게

이름	몸무게
소정	◯◯ ●●●●●●●
시윤	◯◯◯◯ ●●
연경	◯◯◯ ●●●

● 10 kg
● 1 kg

Brain👍

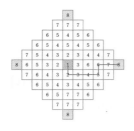

1 곱셈

1 1408

어떤 수를 □라고 하면 $176-□=168$, $176-168=□$, $□=8$입니다.
따라서 바르게 계산하면 $176×8=1408$입니다.

2 80원

(껌 13개의 값)$=90×13=1170$(원), (초콜릿 6개의 값)$=625×6=3750$(원)
(껌과 초콜릿의 값)$=1170+3750=4920$(원)
➡ (거스름돈)$=5000-4920=80$(원)

3 231 m

(나무 사이의 간격의 수)$=$(나무의 수)$-1=34-1=33$(곳)
➡ (산책로의 길이)$=7×33=231$(m)

4 7, 8, 9

$27×35=945$이므로 주어진 식은 $155×□>945$입니다.
□ 안에 9부터 차례로 넣어 계산해 보면
$155×9=1395$ ➡ $1395>945$
$155×8=1240$ ➡ $1240>945$
$155×7=1085$ ➡ $1085>945$
$155×6=930$ ➡ $930<945$
따라서 □ 안에 들어갈 수 있는 한 자리 수는 7, 8, 9입니다.

5 9, 6

$$\begin{array}{r} 3\blacksquare \\ \times\ \ \blacktriangle\,7 \\ \hline 2\ 6\ 1\ 3 \end{array}$$

$\blacksquare×7$의 일의 자리 숫자가 3이므로 $\blacksquare=9$입니다.

$$\begin{array}{r} 3\ 9 \\ \times\ \ \blacktriangle\,7 \\ \hline 2\ 7\ 3 \\ \boxed{2\ 3\ 4} \\ \hline 2\ 6\ 1\ 3 \end{array}$$

$2613-273=2340$이므로 $39×\blacktriangle=234$입니다.
$9×\blacktriangle$의 일의 자리 숫자가 4이므로 $\blacktriangle=6$입니다.

6 90

연속하는 세 자연수를 $□-1$, $□$, $□+1$이라고 하면
$(□-1)+□+(□+1)=45$, $□+□+□=45$입니다.
이때 $15+15+15=45$이므로 $□=15$입니다.

따라서 연속하는 세 수는 14, 15, 16이므로 가장 큰 수와 가장 작은 수의 합의 3배는
$(16+14)×3=90$입니다.

7 7040

두 수의 곱이 가장 크려면 두 수의 십의 자리에 가장 큰 수와 두 번째로 큰 수를 놓아야
합니다.

따라서 십의 자리에 8, 6을 놓고 곱셈식을 만들면 $84×63=5292$, $83×64=5312$
입니다.

이때 $5292<5312$이므로 가장 큰 곱은 5312입니다.

두 수의 곱이 가장 작으려면 두 수의 십의 자리에 가장 작은 수와 두 번째로 작은 수를
놓아야 합니다.

따라서 십의 자리에 3, 4를 놓고 곱셈식을 만들면 $36×48=1728$, $38×46=1748$
입니다.

이때 $1728<1748$이므로 가장 작은 곱은 1728입니다.

따라서 가장 큰 곱과 가장 작은 곱의 합은 $5312+1728=7040$입니다.

8 13, 91, 1183

$13+26+39+\cdots\cdots+156+169$
$=(13×1)+(13×2)+(13×3)+\cdots\cdots+(13×12)+(13×13)$
$=13×(1+2+3+\cdots\cdots+12+13)$
$=13×91=1183$

---

1 180개

(전체 구슬의 수)$=40×20=800$(개)
(나누어 준 구슬의 수)$=124×5=620$(개)
➡ (남은 구슬의 수)$=800-620=180$(개)

2 848개

(9월 1일부터 12월 15일까지의 날수)$=30+31+30+15=106$(일)
(정진이가 푼 수학 문제 수)$=106×8=848$(개)

3 420

혜진이의 나이를 □살, 이모의 나이를 △살이라고 하면
□+△=47, △-□=23에서
□+△+△-□=47+23, △+△=70, △=35입니다.
따라서 □=47-35=12이므로 □×△=12×35=420입니다.

4 1084

$156▲8=(156×8)-(156+8)=1248-164=1084$

5 4692

펼친 두 면의 쪽수는 연속한 두 수이므로 두 면의 쪽수를 □, □+1이라고 하면
□+□+1=137, □+□=136, □=68입니다.
따라서 펼친 두 면의 쪽수는 68, 69이므로 두 쪽수의 곱은 68×69=4692입니다.

6 3265원

(연필 한 자루의 이익)=400−225=175(원),
(자 한 개의 이익)=200−140=60(원)이므로
(연필 7자루의 이익)=175×7=1225(원),
(자 34개의 이익)=60×34=2040(원)
➡ (전체 이익)=1225+2040=3265(원)

7 451 cm

(색 테이프 17장의 길이)=35×17=595(cm)
겹쳐진 부분은 17−1=16(곳)이므로 (겹쳐진 부분의 길이의 합)=9×16=144(cm)
➡ (이어 붙인 색 테이프의 전체 길이)=595−144=451(cm)

8 2499개

(7주의 날수)=7×7=49(일)
(7주 동안 생산하는 세발자전거의 수)=17×49=833(대)
➡ (필요한 세발자전거의 바퀴 수)=833×3=2499(개)

9 510명

(여자 어린이 수)=8×29−2=232−2=230(명)
(남자 어린이 수)=12×23+4=276+4=280(명)
➡ (전체 어린이 수)=230+280=510(명)

10 (1) 288, 128, 16, 6
(2) 777, 36, 18, 8

(1) 948 → 9×4×8=288, 288 → 2×8×8=128, 128 → 1×2×8=16,
   16 → 1×6=6
(2) 343을 세 숫자의 곱으로 나타내면 343=7×7×7입니다.
   777 → 7×7×7=343, 343 → 3×4×3=36, 36 → 3×6=18,
   18 → 1×8=8

11 15개

18을 세 숫자의 곱으로 나타내면 18=1×2×9=1×3×6=2×3×3입니다.
따라서 ㉠에 알맞은 수는 129, 192, 219, 291, 912, 921, 136, 163, 316, 361,
613, 631, 233, 323, 332로 15개입니다.

12 2790 m

소미와 선희가 처음 만날 때까지 걸은 거리는 각각 70×3=210(m), 85×3=255(m)
이므로 (운동장의 둘레)=210+255=465(m)
➡ (6번째로 만날 때까지 걸은 거리의 합)=(운동장의 둘레)×6
                                        =465×6=2790(m)

2 나눗셈

1 1묶음

$132 \div 9 = 14 \cdots 6$에서 9개의 모둠에 공책을 14권씩 나누어 주면 6권이 남습니다.
따라서 공책은 적어도 $9 - 6 = 3$(권) 더 필요하므로 1묶음을 더 사야 합니다.

2 16, 3

어떤 수를 □라고 하면 7로 나누었을 때 나올 수 있는 가장 큰 나머지는 6이므로
$\square \div 7 = 11 \cdots 6$에서 $\square = 7 \times 11 + 6 = 83$입니다.
따라서 어떤 수는 83이고 이 수를 5로 나누면 $83 \div 5 = 16 \cdots 3$이므로 몫은 16, 나머지는 3입니다.

3

$$\begin{array}{r} \boxed{1}\,2 \\ 7)\overline{\boxed{8}\,\boxed{8}} \\ \boxed{7} \\ \hline \boxed{1}\,\boxed{8} \\ \boxed{1}\,\boxed{4} \\ \hline 4 \end{array}$$

$7 \times 2 = 14$이고 14를 빼서 4가 되는 수는 18이므로

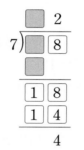

7과 곱해서 한 자리 수가 되는 경우는 $7 \times 1 = 7$이고 7을 빼서 1이 되는 수는 8이므로

4 98

가장 큰 두 자리 수인 99를 8로 나누면 $99 \div 8 = 12 \cdots 3$이므로 나머지가 3입니다.
따라서 구하는 수는 나머지가 2인 가장 큰 수이므로 99보다 1 작은 98입니다.
➡ $98 \div 8 = 12 \cdots 2$

5 128 cm

직사각형 모양의 가로는 세로의 4배이므로 세로를 □ cm라고 하면 가로는 (□×4)cm입니다.
$\square + (\square \times 4) + \square + (\square \times 4) = 80$, $\square \times 10 = 80$, $\square = 80 \div 10$, $\square = 8$(cm)
따라서 직사각형 모양의 가로는 $8 \times 4 = 32$(cm)이므로 처음 정사각형 모양의 한 변의 길이도 32cm입니다.
➡ (처음 정사각형 모양의 둘레)$= 32 \times 4 = 128$(cm)

6 84

$$\begin{array}{r} 1\ \triangle \\ 6)\overline{8\ \square} \\ 6 \\ \hline 2\ \square \\ 2\ \square \\ \hline 0 \end{array}$$

80보다 크고 90보다 작은 수이므로 구하는 수를 8□로 놓으면 왼쪽 나눗셈에서 $6 \times \triangle = 2\square$입니다.
6의 단 곱셈구구에서 곱의 십의 자리가 2인 경우는 $6 \times 4 = 24$이므로 $\square = 4$입니다.
따라서 구하는 수는 84입니다.

7 30 m

(길의 한쪽에 심은 나무의 수)=16÷2=8(그루)

(나무 사이의 간격의 수)=8-1=7(곳)

➡ (나무 사이의 간격의 길이)=210÷7=30(m)

8 15 cm

왼쪽 도형의 둘레는 9 cm인 변 10개의 길이와 같으므로 9×10=90(cm)입니다.

따라서 육각형의 둘레도 90 cm이므로 육각형의 한 변의 길이는 90÷6=15(cm)입니다.

---

1 2개

34÷8=4…2, 38÷4=9…2, 43÷8=5…3, 48÷3=16, 83÷4=20…3, 84÷3=28

따라서 나누어떨어지는 나눗셈식은 48÷3, 84÷3으로 2개입니다.

2 6개

(희주와 우영이가 딴 자두의 수)=47+37=84(개)

(1봉지에 담은 자두의 수)=84÷7=12(개)

➡ (희주가 먹은 자두의 수)=12÷2=6(개)

3 28 cm

(정사각형의 한 변의 길이)=448÷4=112(cm)

작은 직사각형의 세로의 4배가 정사각형의 한 변의 길이와 같으므로

(작은 직사각형의 세로)=112÷4=28(cm)

4 11 cm

(색 테이프 9장의 길이)=16×9=144(cm)

(겹친 부분의 길이의 합)=144-56=88(cm)

색 테이프를 9장 이어 붙이면 겹친 부분은 8곳이므로

(겹친 한 부분의 길이)=88÷8=11(cm)

5 84

72÷6=12, 78÷6=13, 84÷6=14, 90÷6=15에서 70보다 크고 90보다 작은 수 중 6으로 나누어떨어지는 수는 72, 78, 84입니다.

이 수들을 9로 나누면 72÷9=8, 78÷9=8…6, 84÷9=9…3이므로 9로 나눌 때 나머지가 3인 수는 84입니다.

6 8개

(민지와 현석이가 1주 동안 접은 종이학의 수)=672÷6=112(개)

(민지와 현석이가 하루에 접은 종이학의 수)=112÷7=16(개)

(민지가 하루에 접은 종이학의 수)=16÷2=8(개)

7 56개

(땅의 둘레)=64+48+64+48=224(m)

➡ (필요한 말뚝의 수)=(말뚝 사이의 간격의 수)=224÷4=56(개)

다른 풀이

(땅의 가로에 박는 말뚝의 수)=(말뚝 사이의 간격의 수)+1=(64÷4)+1=16+1=17(개)

(땅의 세로에 박는 말뚝의 수)=(말뚝 사이의 간격의 수)+1=(48÷4)+1=12+1=13(개)

땅의 꼭짓점 부분에 말뚝이 겹치므로 (필요한 말뚝의 수)=17+13+17+13-4=56(개)

---

8 48, 8

●÷▲=6에서 ●=▲×6입니다.

●×▲=384에서 (▲×6)×▲=384, ▲×▲=384÷6, ▲×▲=64

이때 8×8=64이므로 ▲=8이고 ●=8×6=48입니다.

9 12 g

(호두 1개)=84÷6=14(g)이므로 (호두 4개)=14×4=56(g)

(호두 4개)+(밤 5개)=116에서

56+(밤 5개)=116, (밤 5개)=60, (밤 1개)=60÷5=12(g)

10 33분

(㉮ 기계가 1분 동안 만드는 장난감 수)=42÷3=14(개)

(㉯ 기계가 1분 동안 만드는 장난감 수)=48÷4=12(개)

㉮ 기계가 ㉯ 기계보다 1분 동안 장난감을 14-12=2(개)씩 더 만들므로 66개 더 많이 만든다면 두 기계는 66÷2=33(분) 동안 켜져 있었습니다.

11 3명

144÷9=16, 153÷9=17, 162÷9=18, 171÷9=19, 180÷9=20에서 150보다 크고 180보다 작은 수 중에서 9로 나누면 나누어떨어지는 수는 153, 162, 171입니다.

이 수들을 7로 나누면 153÷7=21…6, 162÷7=23…1, 171÷7=24…3이므로 7로 나눌 때 나머지가 3인 수는 171입니다.

따라서 찬우네 학교 3학년 학생은 171명이므로 8명씩 모둠을 만들면 171÷8=21…3에서 21모둠이 되고 3명이 남습니다.

3 원

다시 푸는

최상위

13~15쪽

1 ㉡, ㉣

㉠ 원의 지름은 선분 ㄴㅁ으로 5×2=10(cm)입니다.

㉡ 원의 반지름을 나타내는 선분은 선분 ㅇㄱ, 선분 ㅇㄴ, 선분 ㅇㅁ의 3개입니다.

㉢ 선분 ㄱㄴ의 길이는 반지름의 길이인 5 cm보다 길고 지름의 길이인 10 cm보다 짧습니다.

㉣ 원을 똑같이 나누는 선분은 지름으로 그 길이는 10 cm입니다.

2 120 cm

(변 ㄱㄴ)=□ cm라고 하면 (변 ㄴㄷ)=(□+6) cm이므로
□+(□+6)+□+(□+6)=84, □×4+12=84,
□×4=72, □=72÷4=18(cm)
(선분 ㄱㅇ)=(변 ㄱㄴ)−3=18−3=15(cm)이므로 원의 지름은 15×2=30(cm)
입니다. 따라서 정사각형의 한 변은 원의 지름과 같은 30 cm이므로 둘레는
30×4=120(cm)입니다.

3 48 cm

정사각형의 가로와 세로에 그린 원의 개수를 각각 □개라고 하면
□×□=36, 6×6=36에서 □=6입니다.
소민이는 정사각형의 한 변에 원을 6개씩 그렸으므로
(정사각형의 한 변)=(원의 지름)×6=(4×2)×6=48(cm)
따라서 한 변이 48 cm인 정사각형 안에 그릴 수 있는 가장 큰 원의 지름은 48 cm입니다.

4 64 cm

(작은 원의 지름)=4×2=8(cm)
(반원의 지름)=(작은 원의 지름)×2=8×2=16(cm)
(정사각형의 한 변)=(반원의 지름)=16 cm
➡ (정사각형의 둘레)=16×4=64(cm)

5 3 cm

직사각형의 세로를 □ cm라고 하면 둘레가 60 cm이므로
18+□+18+□=60, □+□=24, □=12(cm)
원의 반지름을 △ cm라고 하면 직사각형의 세로가 12 cm이므로
△+6+△=12, △+△=6, △=3(cm)
따라서 원의 반지름은 3 cm입니다.

6 40 cm

삼각형의 세 변은 모두 원의 반지름으로 길이가 같으므로
(삼각형의 한 변)=12÷3=4(cm)
따라서 원의 반지름은 4 cm이므로
(직사각형의 가로)=4×3=12(cm), (직사각형의 세로)=4×2=8(cm)
➡ (직사각형의 둘레)=12+8+12+8=40(cm)

7 16 cm

세 점 ㄱ, ㄴ, ㄷ을 중심으로 하는 원의 반지름을 각각 □ cm, △ cm, ○ cm라고 하면
삼각형 ㄱㄴㄷ의 둘레가 39 cm이므로 □+△+△+○+○+7+□=39,
(□+△+○)×2+7=39, (□+△+○)×2=32, □+△+○=16
따라서 세 원의 반지름의 합은 16 cm입니다.

8 15개

(원의 반지름)=12÷2=6(cm)
원의 개수를 □개라고 하면 선분 ㄱㄴ의 길이는 반지름 (□+1)개의 길이와 같으므로
6×(□+1)=96, □+1=16, □=15
따라서 원을 15개 그렸습니다.

1 4 cm, 3 cm

(가장 작은 원의 반지름)=4÷2=2(cm)
(중간 원의 반지름)=10÷2=5(cm)
(가장 큰 원의 반지름)=12÷2=6(cm)

➡ ㉠=(가장 큰 원의 반지름)−(가장 작은 원의 반지름)=6−2=4(cm)
㉡=(중간 원의 반지름)−(가장 작은 원의 반지름)=5−2=3(cm)

2 7개

원의 중심을 찾아 표시하면 오른쪽과 같습니다.
따라서 원의 중심은 모두 7개입니다.

3 6 cm

(작은 원의 지름)=36÷3=12(cm)
(작은 원의 반지름)=12÷2=6(cm)
따라서 작은 원의 반지름이 6 cm이므로 컴퍼스의 침과 연필 사이를 6 cm만큼 벌려야
합니다.

4 5 cm

(큰 원의 반지름)=26÷2=13(cm)
(작은 원의 반지름)=20÷2=10(cm)
(선분 ㄴㄷ)=□cm라고 하면
(선분 ㄱㄹ)=(선분 ㄱㄷ)+(선분 ㄴㄹ)−(선분 ㄴㄷ)이므로
18=13+10−□, 18=23−□, □=5(cm)
따라서 선분 ㄴㄷ의 길이는 5 cm입니다.

5 12 cm

원의 반지름을 □cm라고 하면 사각형 ㄱㄴㄷㄹ의 둘레는 원의 반지름 8개의 길이와
같으므로 □×8=48, □=48÷8=6(cm)
따라서 원의 지름은 6×2=12(cm)입니다.

6 2 cm

큰 원의 지름이 8 cm이므로 작은 원 3개의 지름의 합은 20−8=12(cm)입니다.
따라서 (작은 원의 지름)=12÷3=4(cm)이므로
(작은 원의 반지름)=4÷2=2(cm)

7 64 cm

선분 ㄱㄴ의 길이는 원의 반지름의 3배이므로
(원의 반지름)=24÷3=8(cm)
색칠한 사각형의 둘레는 원의 반지름의 8배이므로
(사각형의 둘레)=8×8=64(cm)

8 81개

색종이의 한 변은 $6+6+6=18$(cm)이고 그리려는 원의 지름은 $1\times2=2$(cm)입니다. 따라서 색종이의 가로와 세로에 반지름이 1 cm인 원을 각각 $18\div2=9$(개)씩 그릴 수 있으므로 $9\times9=81$(개)까지 그릴 수 있습니다.

9 4 cm

오른쪽 그림과 같이 삼각형의 둘레는 9 cm인 부분 4곳과 ㉡인 부분 2곳으로 되어 있으므로 $9\times4+㉡\times2=46$, $36+㉡\times2=46$, $㉡\times2=10$, $㉡=5$(cm)

➡ $㉠=9-㉡=9-5=4$(cm)

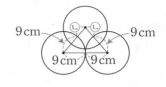

10 9개

(원의 반지름)$=6\div2=3$(cm)

직사각형의 가로와 세로의 합이 $72\div2=36$(cm)이므로 (가로)$=36-6=30$(cm)

원의 개수를 □개라고 하면 직사각형의 가로는 원의 반지름 (□$+1$)개의 길이와 같으므로 $3\times(□+1)=30$, $□+1=10$, $□=9$

따라서 원의 개수는 9개입니다.

11 7 cm

(가장 큰 원의 반지름)$=56\div2=28$(cm)

정사각형의 한 변을 ■ cm라고 하면 가장 작은 원의 반지름은 ■ cm이므로 두 번째로 작은 원의 반지름은 (■$+$■) cm, 세 번째로 작은 원의 반지름은 (■$+$■$+$■) cm, 가장 큰 원의 반지름은 (■$+$■$+$■$+$■) cm, 즉 (■$\times4$) cm입니다.

따라서 ■$\times4=28$, ■$=7$이므로 정사각형의 한 변은 7 cm입니다.

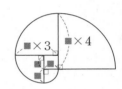

4 분수

1 11도막

$\dfrac{141}{13}$ m$=10\dfrac{11}{13}$ m이므로 철사 $\dfrac{141}{13}$ m는 1 m짜리 10도막과 $\dfrac{11}{13}$ m짜리 1도막이 됩니다.

따라서 철사는 모두 11도막이 됩니다.

2 여동생, 3명

동생이 있는 학생은 24명의 $\dfrac{5}{8}$이므로 $24\div8\times5=15$(명)입니다.

남동생이 있는 학생은 15명의 $\dfrac{2}{5}$이므로 $15\div5\times2=6$(명)이고,

여동생이 있는 학생은 $15-6=9$(명)입니다.

따라서 $9>6$이므로 여동생이 있는 학생이 $9-6=3$(명) 더 많습니다.

3 166

$5\dfrac{4}{7}=\dfrac{39}{7}$, $6\dfrac{2}{7}=\dfrac{44}{7}$이므로 $\dfrac{39}{7}<\dfrac{\square}{7}<\dfrac{44}{7}$입니다.

$\square$ 안에 들어갈 수 있는 자연수는 39보다 크고 44보다 작은 수이므로 40, 41, 42, 43 입니다.

➡ $40+41+42+43=166$

4 48

$\dfrac{5}{6}$는 $\dfrac{1}{6}$이 5개이므로 ●의 $\dfrac{1}{6}$은 $30\div5=6$입니다.

●의 $\dfrac{1}{6}$이 6이므로 ●$=6\times6=36$입니다.

➡ ▲의 $\dfrac{6}{8}$은 36입니다.

$\dfrac{6}{8}$은 $\dfrac{1}{8}$이 6개이므로 ▲의 $\dfrac{1}{8}$은 $36\div6=6$입니다.

따라서 ▲의 $\dfrac{1}{8}$이 6이므로 ▲$=6\times8=48$입니다.

5 $\dfrac{584}{585}$, $\dfrac{319}{320}$, $\dfrac{199}{200}$

$\dfrac{320}{320}=1$, $\dfrac{585}{585}=1$, $\dfrac{200}{200}=1$이므로 세 수가 각각 1이 되려면

$\dfrac{1}{320}$, $\dfrac{1}{585}$, $\dfrac{1}{200}$만큼씩 더 있어야 합니다.

단위분수는 분모가 작을수록 큰 수이므로 $\dfrac{1}{200}>\dfrac{1}{320}>\dfrac{1}{585}$입니다.

➡ $\dfrac{199}{200}<\dfrac{319}{320}<\dfrac{584}{585}$

6 $2\dfrac{28}{31}$

분자는 3, 6, 9, 12, 15……이므로 3씩 커지고, 분모는 2, 3, 4, 5, 6……이므로 1씩 커지는 규칙입니다.

30번째에 놓일 분수의 분자는 3에서 3씩 29번 커진 수이므로 $3+3\times29=3+87=90$이고, 분모는 2에서 1씩 29번 커진 수이므로 $2+1\times29=2+29=31$입니다.

따라서 30번째에 놓일 분수는 $\dfrac{90}{31}$이므로 대분수로 나타내면 $2\dfrac{28}{31}$입니다.

7 192 m

첫 번째로 튀어 오르는 공의 높이는 64 m의 $\dfrac{5}{8}$이므로 40 m입니다.

두 번째로 튀어 오르는 공의 높이는 40 m의 $\dfrac{3}{5}$이므로 24 m입니다.

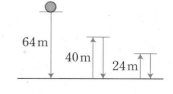

따라서 공이 세 번째로 땅에 닿을 때까지 움직인 거리는 모두 $64+40+40+24+24=192\,(\text{m})$입니다.

8 $\dfrac{25}{8}=3\dfrac{1}{8}$, $\dfrac{29}{8}=3\dfrac{5}{8}$

㉢에 3을 넣는 경우 $\dfrac{㉢㉣}{8}=3\dfrac{㉣}{8}$이고 ㉣에는 1부터 7까지 들어갈 수 있습니다.

➡ $3\dfrac{1}{8}$, $3\dfrac{2}{8}$, $3\dfrac{3}{8}$, $3\dfrac{4}{8}$, $3\dfrac{5}{8}$, $3\dfrac{6}{8}$, $3\dfrac{7}{8}$

대분수를 가분수로 고치면

$3\dfrac{1}{8}=\dfrac{25}{8}$, $3\dfrac{2}{8}=\dfrac{26}{8}$, $3\dfrac{3}{8}=\dfrac{27}{8}$, $3\dfrac{4}{8}=\dfrac{28}{8}$, $3\dfrac{5}{8}=\dfrac{29}{8}$, $3\dfrac{6}{8}=\dfrac{30}{8}$, $3\dfrac{7}{8}=\dfrac{31}{8}$

입니다. 이 중에서 분모 8을 제외한 1부터 9까지의 숫자가 한 번씩만 사용된 분수를 찾으면 $3\dfrac{1}{8}=\dfrac{25}{8}$, $3\dfrac{5}{8}=\dfrac{29}{8}$입니다.

1 11시간

하루는 24시간입니다. 학교에서 보내는 시간은 24시간의 $\dfrac{1}{4}$이므로 6시간,

학원에서 보내는 시간은 24시간의 $\dfrac{1}{6}$이므로 4시간,

친구들과 놀이터에서 노는 시간은 24시간의 $\dfrac{1}{8}$이므로 3시간입니다.

따라서 수민이가 하루를 보낼 때, 학교, 학원, 놀이터를 제외한 시간은
$24-6-4-3=11$(시간)입니다.

2 116쪽

둘째 날은 48쪽의 $\dfrac{7}{8}$보다 3쪽 더 많이 읽었으므로 $42+3=45$(쪽) 읽었고,

셋째 날은 45쪽의 $\dfrac{5}{9}$보다 2쪽 더 적게 읽었으므로 $25-2=23$(쪽) 읽었습니다.

따라서 동화책은 모두 $48+45+23=116$(쪽)입니다.

3 14명

안경을 쓴 남학생은 32명의 $\dfrac{1}{4}$이므로 8명입니다.

안경을 쓴 여학생은 $32-8=24$(명)의 $\dfrac{5}{12}$이므로 10명입니다.

따라서 안경을 쓰지 않은 학생은 $32-8-10=14$(명)입니다.

4 $4\dfrac{1}{2}$

가장 큰 가분수는 분모가 가장 작고, 분자가 가장 큰 수일 때입니다.

$2<4<6<7<9$이므로 가장 큰 가분수는 $\dfrac{9}{2}$입니다.

따라서 대분수로 나타내면 $\dfrac{9}{2}=4\dfrac{1}{2}$입니다.

5 우영, 7자루

연필 6타는 $12\times6=72$(자루)입니다.

현준이는 72자루의 $\dfrac{1}{8}$이므로 9자루, 우영이는 72자루의 $\dfrac{2}{9}$이므로 16자루를 가지게 됩니다.

따라서 우영이가 연필을 16－9＝7(자루) 더 많이 가지게 됩니다.

6 2분

성신이네 집에서 박물관까지 가는 데 걸린 시간은 4시 25분－3시 30분＝55분입니다.

지하철을 탄 시간은 55분의 $\frac{3}{5}$이므로 33분이고, 버스를 탄 시간은 55분의 $\frac{4}{11}$이므로 20분입니다.

따라서 성신이가 걸은 시간은 55－33－20＝2(분)입니다.

7 $2\frac{3}{8}$

③으로 ①을 만들려면 4개 필요하고, ②를 만들려면 2개 필요합니다.

주어진 모양은 ①이 1개, ②가 3개, ③이 9개이므로 ③은 모두

4＋2＋2＋2＋9＝19(개) 필요합니다.

따라서 필요한 ③은 색종이 한 장의 $\frac{19}{8}＝2\frac{3}{8}$입니다.

8 63개

문정이네 가게에서 판매한 아이스크림 수의 $\frac{7}{9}$이 35개이므로 $\frac{1}{9}$은 5개입니다.

따라서 문정이네 가게에서 판매한 아이스크림은 45개이고 은형이네 가게에서 판매한

아이스크림은 45개의 $1\frac{2}{5}$이므로 63개입니다.

9 54

■÷7＝8…5이므로 7×8＋5＝■, ■＝61입니다.

따라서 가분수는 $\frac{61}{7}$이므로 분자와 분모의 차는 61－7＝54입니다.

10 $\frac{22}{29}$

두 자연수의 합이 51이고, 차가 7인 수를 찾아봅니다.

분모	26	27	28	29	30	31
분자	25	24	23	22	21	20
차	1	3	5	7	9	11

따라서 분모는 29, 분자는 22이므로 진분수는 $\frac{22}{29}$입니다.

11 4개

$4\frac{6}{7}＝\frac{34}{7}$, $5\frac{3}{7}＝\frac{38}{7}$이므로 $\frac{34}{7}<\frac{★}{7}<\frac{38}{7}$입니다.

→ ★＝35, 36, 37

$\frac{25}{6}＝4\frac{1}{6}$, $\frac{38}{6}＝6\frac{2}{6}$이므로 $4\frac{1}{6}<\frac{▲}{6}\frac{5}{6}<6\frac{2}{6}$입니다.

→ ▲＝4, 5

따라서 $\frac{★}{▲}$은 $\frac{35}{4}＝8\frac{3}{4}$, $\frac{36}{4}＝9$, $\frac{37}{4}＝9\frac{1}{4}$, $\frac{35}{5}＝7$, $\frac{36}{5}＝7\frac{1}{5}$, $\frac{37}{5}＝7\frac{2}{5}$이므로 대분수로 나타낼 수 있는 것은 모두 4개입니다.

12 18분

24분 동안 처음 양초 길이의 $\frac{4}{7}$만큼 탔으므로 처음 양초 길이의 $\frac{1}{7}$만큼 타는 데 걸리는 시간은 24÷4=6(분)입니다.

따라서 남은 양초 길이는 처음 양초 길이의 $\frac{3}{7}$이므로 남은 양초가 모두 타는 데 걸리는 시간은 6×3=18(분)입니다.

13 165

㉠은 4 또는 5이므로 ㉠=4일 때 $4\frac{6}{17}=\frac{74}{17}$이고, ㉠=5일 때 $5\frac{6}{17}=\frac{91}{17}$입니다.

따라서 가분수의 분자는 74와 91이므로 합은 74+91=165입니다.

14 $\frac{15}{23}$, $\frac{9}{23}$, $\frac{6}{23}$

㉡의 분자를 ■라고 하면 ㉠=$\frac{■+6}{23}$, ㉡=$\frac{■}{23}$, ㉢=$\frac{■-3}{23}$입니다.

(■+6)+■+(■-3)=30, ■+■+■=27, ■=9입니다.

➡ ㉠=$\frac{15}{23}$, ㉡=$\frac{9}{23}$, ㉢=$\frac{6}{23}$

15 5개

$\frac{70}{9}=7\frac{7}{9}$이므로 ㉠$\frac{㉡}{9}$<$7\frac{7}{9}$입니다.

따라서 ㉠이 ㉡보다 2 큰 수인 대분수는 $3\frac{1}{9}$, $4\frac{2}{9}$, $5\frac{3}{9}$, $6\frac{4}{9}$, $7\frac{5}{9}$로 모두 5개입니다.

5 들이와 무게

다시 푸는

최상위

1 미주

(민진이가 퍼낸 물의 양)=600×3=1800(mL) → 1 L 800 mL
(수조에 남아 있는 물의 양)=7 L−1 L 800 mL=5 L 200 mL
수조에 남아 있는 물의 양과 어림한 물의 양의 차를 구하면
효민: 5 L 200 mL−5 L=200 mL
경식: 5 L 400 mL−5 L 200 mL=200 mL
미주: 5 L 300 mL−5 L 200 mL=100 mL
따라서 100 mL<200 mL이므로 실제 남은 물의 양에 가장 가깝게 어림한 사람은 미주입니다.

2 600 g

(섞은 콩과 팥의 양)=3 kg 500 g+1 kg 600 g=5 kg 100 g
(그릇으로 4번 덜어 낸 콩과 팥의 양)=5 kg 100 g−2 kg 700 g=2 kg 400 g
2 kg 400 g=600 g+600 g+600 g+600 g이므로 그릇으로 1번 덜어 낸 콩과 팥은 600 g입니다.

3 2 kg 200 g

(감자 1개의 무게)=1 kg 450 g−1 kg 200 g=250 g
(감자 8개를 넣은 그릇의 무게)=(감자 5개를 넣은 그릇의 무게)+(감자 3개의 무게)
$$=1 \text{ kg } 450 \text{ g}+250 \text{ g}+250 \text{ g}+250 \text{ g}$$
$$=2 \text{ kg } 200 \text{ g}$$

4 3 kg 200 g,
　2 kg 900 g

(먹고 남은 떡의 무게)=7 kg−900 g=6 kg 100 g=6100 g
작은 봉지에 담은 떡의 무게를 □g이라고 하면 큰 봉지에 담은 떡의 무게는
(□+300) g이므로 □+(□+300)=6100, □+□=5800, □=2900 (g)
따라서 작은 봉지에 담은 떡은 2900 g=2 kg 900 g이고
큰 봉지에 담은 떡은 2 kg 900 g+300 g=3 kg 200 g입니다.

다른 풀이
(먹고 남은 떡의 무게)=7 kg−900 g=6 kg 100 g=6100 g
큰 봉지와 작은 봉지에 담은 떡의 무게의 차가 300 g이므로
(큰 봉지에 담은 떡의 무게)=(6100+300)÷2=3200 (g) → 3 kg 200 g
(작은 봉지에 담은 떡의 무게)=(6100−300)÷2=2900 (g) → 2 kg 900 g

---

5 13대

(사과 650상자의 무게)=20×650=13000 (kg) → 13 t
(복숭아 800상자의 무게)=15×800=12000 (kg) → 12 t
따라서 사과와 복숭아는 모두 13+12=25 (t)이므로 25÷2=12…1에서
트럭은 적어도 13대 필요합니다.

6 9600원

딸기우유 100 mL는 1200÷2=600(원)이므로 딸기우유 700 mL는
1200+1200+1200+600=4200(원)입니다.
초코우유 500 mL가 1800원이므로 초코우유 1 L 500 mL, 즉 1500 mL는
1800+1800+1800=5400(원)입니다.
따라서 우유 값으로 모두 4200+5400=9600(원)을 내야 합니다.

7 200 g

　　　(흰 쇠공 4개)+(검정 쇠공 3개)+(빨간 쇠공 1개)=4 kg 200 g
　+)　(흰 쇠공 8개)+(검정 쇠공 6개)−(빨간 쇠공 1개)=7 kg 800 g
　　　(흰 쇠공 12개)+(검정 쇠공 9개)　　　　　　　　=12 kg
흰 쇠공 12개와 검정 쇠공 9개의 무게의 합이 12 kg이므로
흰 쇠공 4개와 검정 쇠공 3개의 무게의 합은 12÷3=4 (kg)입니다.
따라서 흰 쇠공 4개, 검정 쇠공 3개, 빨간 쇠공 1개의 무게의 합이 4 kg 200 g이므로
빨간 쇠공 1개의 무게는 4 kg 200 g−4 kg=200 g입니다.

8 250 mL

두 수도에서 1초 동안 나오는 물의 양은 350 mL+150 mL=500 mL입니다.
40초 동안 10 L의 물이 찼으므로 4초 동안 1 L의 물을 채운 것입니다.
따라서 1초 동안 250 mL의 물을 채웠으므로 물을 1초에
500 mL−250 mL=250 mL씩 내보냈습니다.

1 1 L 400 mL

(마신 우유의 양)=1 L 400 mL−800 mL=600 mL

(마신 주스의 양)=1 L 700 mL−900 mL=800 mL

➡ (마신 우유와 주스의 양)=600 mL+800 mL=1400 mL → 1 L 400 mL

2 5 kg 200 g

(미란이의 몸무게)+3 kg 700 g=34 kg 400 g이므로

(미란이의 몸무게)=34 kg 400 g−3 kg 700 g=30 kg 700 g

30 kg 700 g+(고양이의 무게)=35 kg 900 g이므로

(고양이의 무게)=35 kg 900 g−30 kg 700 g=5 kg 200 g

3 500 mL

정인이가 마신 사이다의 양을 □mL라고 하면 동수가 마신 사이다의 양은

(□+80) mL, 슬기가 마신 사이다의 양은 (□−80) mL이므로

□+(□+80)+(□−80)=1500, □+□+□=1500, □=500 (mL)

따라서 정인이가 마신 사이다는 500 mL입니다.

4 50개

2 t=2000 kg입니다.

트럭에 실은 물건 60개의 무게가 25×60=1500 (kg)이므로

더 실을 수 있는 물건의 무게는 2000 kg−1500 kg=500 kg입니다.

따라서 500÷10=50이므로 무게가 10 kg인 물건은 50개까지 실을 수 있습니다.

5 정연. 80 mL

컵을 사용한 횟수가 많을수록 컵의 들이가 적으므로 정연이의 컵이 가장 작습니다.

음료수 1병의 양은 수인이의 컵의 들이의 6배이므로 120×6=720 (mL)입니다.

따라서 정연이의 컵의 들이는 720÷9=80 (mL)입니다.

6 2 kg 800 g

(자두 4개의 무게)=150 g+150 g+150 g+150 g=600 g이므로 사과 1개의 무게도 600 g입니다.

(사과 2개의 무게)=600 g+600 g=1200 g이므로 복숭아 3개의 무게도 1200 g입니다.

따라서 (복숭아 1개의 무게)=1200÷3=400 (g)이므로

(복숭아 7개의 무게)=400×7=2800 (g) → 2 kg 800 g입니다.

서술형 7 풀이 참조

㈎ 한쪽 접시 위에 200 g짜리 추 3개를 올려놓고 다른 쪽 접시 위에 350 g짜리 추 1개와 가지 1개를 올려놓을 때, 저울이 수평을 이루면 이 가지의 무게가 250 g입니다.

8 18초

9 L의 절반은 4 L 500 mL이므로 물통에 더 넣어야 하는 물의 양은 4 L 500 mL입니다. 1초 동안 물을 1250÷5=250 (mL)씩 넣으므로

2초 동안 250 mL+250 mL=500 mL,

4초 동안 500 mL＋500 mL＝1000 mL＝1 L의 물을 넣을 수 있습니다.
따라서 4 L 500 mL의 물을 더 넣는 데 걸리는 시간은 4＋4＋4＋4＋2＝18(초)입니다.

9 700 kg

1.6 t＝1600 kg, 2.2 t＝2200 kg입니다.
(의자 40개의 무게)＝2200 kg－1600 kg＝600 kg이므로 의자 20개의 무게는
300 kg입니다.
따라서 (의자 60개의 무게)＝600 kg＋300 kg＝900 kg이므로
(빈 트럭의 무게)＝1600 kg－900 kg＝700 kg입니다.

10 3번

㉮ 그릇으로 12번, ㉯ 그릇으로 4번 부은 물의 양이 같으므로 ㉯ 그릇의 들이는 ㉮ 그릇
의 들이의 3배입니다.
따라서 (㉯ 그릇의 들이)＝(㉮ 그릇의 들이)＋(㉯ 그릇의 들이)
              ＝(㉮ 그릇의 들이)＋(㉮ 그릇의 들이)×3
              ＝(㉮ 그릇의 들이)×4
이므로 ㉯ 그릇만 사용하면 물을 12÷4＝3(번) 부어야 합니다.

11 1 L 700 mL,
1 L 300 mL, 900 mL

(㉮ 그릇)＋(㉯ 그릇)＝3 L,
(㉮ 그릇)＋(㉰ 그릇)＝2 L 600 mL,
(㉯ 그릇)＋(㉰ 그릇)＝2 L 200 mL이므로
(㉮ 그릇)＋(㉯ 그릇)＋(㉮ 그릇)＋(㉰ 그릇)＋(㉯ 그릇)＋(㉰ 그릇)
＝3 L＋2 L 600 mL＋2 L 200 mL＝7 L 800 mL
{(㉮ 그릇)＋(㉯ 그릇)＋(㉰ 그릇)}＋{(㉮ 그릇)＋(㉯ 그릇)＋(㉰ 그릇)}＝7 L 800 mL
(㉮ 그릇)＋(㉯ 그릇)＋(㉰ 그릇)＝3 L 900 mL
➡ (㉮ 그릇)＝3 L 900 mL－2 L 200 mL＝1 L 700 mL
  (㉯ 그릇)＝3 L 900 mL－2 L 600 mL＝1 L 300 mL
  (㉰ 그릇)＝3 L 900 mL－3 L＝900 mL

6 자료의 정리

1 보드게임

(1반의 학생 중 팽이를 받고 싶은 학생 수)＝25－5－3－6－7＝4(명)
(4반의 학생 중 변신 로봇을 받고 싶은 학생 수)＝26－3－5－4－8＝6(명)
(캐릭터 카드를 받고 싶은 학생 수의 합)＝5＋3＋4＋3＝15(명)
(팽이를 받고 싶은 학생 수의 합)＝4＋7＋3＋5＝19(명)
(변신 로봇을 받고 싶은 학생 수의 합)＝3＋3＋5＋6＝17(명)

(비밀 쥬쥬를 받고 싶은 학생 수의 합)＝6＋2＋6＋4＝18(명)

(보드게임을 받고 싶은 학생 수의 합)＝7＋8＋7＋8＝30(명)

따라서 30＞19＞18＞17＞15이므로 학생 수의 합이 가장 큰 보드게임을 상품으로 준비하는 것이 좋습니다.

2 1620권

4반의 학급 문고 수는 📗 2개, 📖 6개로 260권이므로 📗 1개는 100권, 📖 1개는 10권을 나타냅니다.

반별 학급 문고 수를 알아보면

1반: 310권, 2반: 340권, 3반: 250권, 5반: 460권

이므로 3학년 1반부터 5반까지의 전체 학급 문고 수는

310＋340＋250＋260＋460＝1620(권)입니다.

3 60가마니

그림그래프에서 나루 지역의 쌀 수확량은 270가마니이므로

(푸른 지역과 한빛 지역의 쌀 수확량의 합)＝840－150－270＝420(가마니)입니다.

푸른 지역과 한빛 지역의 쌀 수확량은 같으므로 각각 210가마니입니다.

따라서 숲속 지역의 쌀 수확량이 푸른 지역의 쌀 수확량과 같아지려면

210－150＝60(가마니)를 더 수확하여야 합니다.

4 132개

(가 가게의 판매량)＋(나 가게의 판매량)＝26＋42＝68(개)

다 가게의 판매량은 68개의 $\frac{1}{2}$이므로 34개입니다.

(라 가게의 판매량)＝(다 가게의 판매량)－4＝34－4＝30(개)

➡ (케이크 판매량의 합)＝26＋42＋34＋30＝132(개)

5 4320원

기계별 자 생산량을 알아보면 ㉮: 16개, ㉰: 22개이므로 ㉯ 기계의 자 생산량은

16＋22＝38(개)의 $\frac{1}{2}$인 19개입니다.

따라서 전체 자 생산량은 모두 16＋19＋22＝57(개)입니다.

57÷8＝7…1에서 자는 7상자에 담고 1개가 남으므로 판매 금액은

600×7＋120＝4200＋120＝4320(원)입니다.

6 770장

검정색 색종이는 200장이고, 노란색 색종이는 200장의 $\frac{4}{5}$이므로

200÷5×4＝160(장)입니다.

빨간색 색종이는 80장이고, 파란색 색종이는 160＋80＝240(장)의 $\frac{3}{4}$이므로

240÷4×3＝180(장)입니다.

주황색 색종이는 180－30＝150(장)이므로 문구점에 있는 색종이는 모두

160＋80＋180＋150＋200＝770(장)입니다.

1 180명

마을별 초등학생 수는 가 마을이 200명, 나 마을이 260명, 다 마을이 320명이므로
(라 마을의 초등학생 수)$=920-200-260-320=140$(명)입니다.
따라서 $320>260>200>140$이므로 초등학생이 가장 많은 마을은 다 마을로 320명
이고, 가장 적은 마을은 라 마을로 140명입니다.
➡ $320-140=180$(명)

2 월요일

(월, 화, 금요일의 공부한 시간의 합)$=260-65-60=135$(분)
월요일에 공부한 시간을 $\square$분이라고 하면 화요일과 금요일에 공부한 시간은 각각
$(\square+15)$분이므로 $\square+(\square+15)+(\square+15)=135$, $\square+\square+\square=105$, $\square=35$(분)
따라서 월요일은 35분, 화요일과 금요일은 각각 50분이므로 공부한 시간이 가장 짧은
요일은 월요일입니다.

3 31장

(수근이가 가지고 있는 색종이 수)$=$(경훈이가 가지고 있는 색종이 수)$+9$
$=23+9=32$(장)
희철이가 가지고 있는 색종이는 32장의 $\dfrac{3}{4}$이므로 $32\div4\times3=24$(장)입니다.
➡ (상민이가 가지고 있는 색종이 수)$=110-23-24-32=31$(장)

4 28개

500원짜리 동전이 17개, 50원짜리 동전이 11개이고 10원짜리 동전은
$17+11=28$(개)의 $\dfrac{1}{2}$이므로 14개입니다.
10원짜리 동전의 개수는 전체 동전의 개수의 $\dfrac{1}{5}$이므로
전체 동전의 개수는 $14\times5=70$(개)입니다.
➡ (100원짜리 동전의 개수)$=70-17-11-14=28$(개)

5 풀이 참조

😊😊◡◡는 12명이고, ◡는 1명을 나타내므로 😊는 5명을 나타냅니다.
달리기 대회에 참가할 5학년 학생 수는 😊 3개, ◡ 4개이므로 19명이고,
4학년 학생 수는 20명의 $\dfrac{4}{5}$이므로 $20\div5\times4=16$(명)입니다.
➡ (달리기 대회에 참가할 3학년 학생 수)$=80-12-16-19-20=13$(명)

학년별 참가할 학생 수

학년	학생 수
2학년	😊😊◡◡
3학년	😊😊◡◡◡
4학년	😊😊😊◡
5학년	😊😊😊◡◡◡◡
6학년	😊😊😊😊

😊 5 명
◡ 1명

6 65명

동생이 있는 5반의 학생은 16명이므로 동생이 있는 3반의 학생은 16명의 $\frac{3}{4}$에서

$16 \div 4 \times 3 = 12$(명)입니다.

동생이 있는 4반의 학생은 $9 + 12 = 21$(명)의 $\frac{5}{7}$이므로 $21 \div 7 \times 5 = 15$(명)입니다.

➡ (동생이 있는 3학년 전체 학생 수)$= 9 + 13 + 12 + 15 + 16 = 65$(명)

7 귤

사과의 수는 6상자와 5개이므로 $15 \times 6 + 5 = 95$(개)이고,

감의 수는 2상자와 5개이므로 $15 \times 2 + 5 = 35$(개)입니다.

배의 수는 사과의 수의 $\frac{3}{5}$보다 3개 더 많으므로 $95 \div 5 \times 3 + 3 = 60$(개)이고,

귤의 수는 하루 동안 판 감의 수와 13의 합의 $\frac{2}{3}$이므로 $35 + 13 = 48$(개)의 $\frac{2}{3}$에서

$48 \div 3 \times 2 = 32$(개)입니다.

따라서 $95 > 60 > 35 > 32$이므로 가장 적게 판 과일은 귤입니다.

8 6명

점수별 맞힌 풍선을 알아보면

10점: 빨간색＋파란색＋노란색＋흰색, 9점: 빨간색＋파란색＋노란색,

8점: 빨간색＋파란색＋흰색, 7점: 빨간색＋노란색＋흰색 또는 빨간색＋파란색,

6점: 파란색＋노란색＋흰색 또는 빨간색＋노란색

빨간색 풍선을 맞힌 학생은 27명이므로 6점인 학생 중에서 빨간색, 노란색 풍선을 맞힌 학생은 $27 - 4 - 7 - 6 - 8 = 2$(명)이고 파란색, 노란색, 흰색 풍선을 맞힌 학생은 $5 - 2 = 3$(명)입니다.

파란색 풍선을 맞힌 학생은 26명이므로 7점인 학생 중에서 빨간색과 파란색 풍선만 맞힌 학생은 $26 - 4 - 7 - 6 - 3 = 6$(명)입니다.

따라서 파란색 풍선을 맞힌 학생 중 7점을 받은 학생은 6명입니다.

9 풀이 참조

소민이가 가지고 있는 연필 수의 $\frac{3}{4}$이 24자루이므로 소민이가 가지고 있는 연필 수는

$24 \div 3 \times 4 = 32$(자루)입니다.

시진이가 가지고 있는 연필 수의 $\frac{1}{2}$은 소민이가 가지고 있는 연필 32자루의 $\frac{5}{8}$인

$32 \div 8 \times 5 = 20$(자루)와 같으므로 시진이가 가지고 있는 연필 수는 $20 \times 2 = 40$(자루)입니다.

민정이가 가지고 있는 연필 수의 $\frac{4}{5}$는 시진이가 가지고 있는 연필 40자루의 $\frac{7}{10}$인

$40 \div 10 \times 7 = 28$(자루)와 같으므로 민정이가 가지고 있는 연필 수는

$28 \div 4 \times 5 = 35$(자루)입니다.

학생별 가지고 있는 연필 수

이름	연필 수
소민	🖊🖊🖊 ✏✏
시진	🖊🖊🖊🖊
민정	🖊🖊🖊 ✏✏✏✏✏

🖊 10자루
✏ 1자루

한걸음 한걸음 디딤돌을 걷다 보면
수학이 완성됩니다.

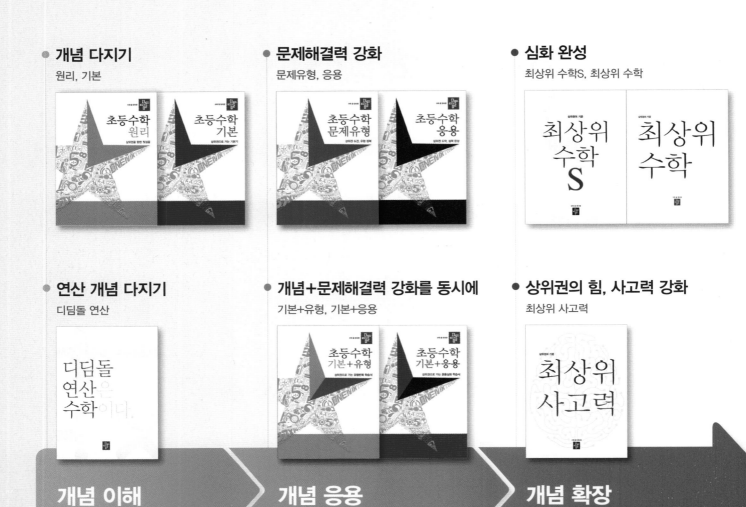

- **개념 다지기**
  원리, 기본

- **문제해결력 강화**
  문제유형, 응용

- **심화 완성**
  최상위 수학S, 최상위 수학

- **연산 개념 다지기**
  디딤돌 연산

- **개념+문제해결력 강화를 동시에**
  기본+유형, 기본+응용

- **상위권의 힘, 사고력 강화**
  최상위 사고력

개념 이해 **개념 응용** **개념 확장**

학습 능력과 목표에 따라
맞춤형이 가능한 디딤돌 초등 수학